U0267562

Photoshop CC
UI设计标准培训教程

数字艺术教育研究室　编著

人民邮电出版社
北　京

图书在版编目（ＣＩＰ）数据

Photoshop CC UI设计标准培训教程 / 数字艺术教育
研究室编著. -- 北京 ：人民邮电出版社，2022.5
ISBN 978-7-115-55872-5

Ⅰ. ①P… Ⅱ. ①数… Ⅲ. ①图像处理软件②人机界
面—程序设计 Ⅳ. ①TP391.413②TP311.1

中国版本图书馆CIP数据核字(2021)第026126号

内 容 提 要

本书全面系统地介绍了 UI 设计的相关知识和基本设计技巧，包括 UI 设计基础、图标设计、App 界面设计、网页界面设计、软件界面设计和游戏界面设计等内容。

本书内容介绍以知识点讲解和课堂案例为主线。知识点讲解部分能使读者系统地了解 UI 设计的各类规范，课堂案例部分可以使读者快速掌握 UI 设计的流程。第 2～6 章每章的最后都安排了课堂练习和课后习题，以提高读者的 UI 设计能力。

本书附带学习资源，内容包括书中所有案例的素材、效果文件和在线视频，读者可通过在线方式获取这些资源，具体方法请参看本书前言。

本书可作为院校和培训机构艺术设计类专业课程的教材，也可供 UI 设计初学者自学参考。

◆ 编　著　数字艺术教育研究室
　　责任编辑　李　东
　　责任印制　马振武

◆ 人民邮电出版社出版发行　　北京市丰台区成寿寺路 11 号
　　邮编　100164　电子邮件　315@ptpress.com.cn
　　网址　https://www.ptpress.com.cn
　　北京捷迅佳彩印刷有限公司印刷

◆ 开本：700×1000　1/16
　　印张：14　　　　　　　　2022 年 5 月第 1 版
　　字数：368 千字　　　　　2024 年 7 月北京第 3 次印刷

定价：69.00 元

读者服务热线：(010) 81055410　印装质量热线：(010) 81055316
反盗版热线：(010) 81055315
广告经营许可证：京东市监广登字 20170147 号

前　言

UI设计是对软件的人机交互、操作逻辑、界面美观度的整体设计。按照应用场景，它可以简单地分为App界面设计、网页界面设计、软件界面设计及游戏界面设计。UI设计应用广泛，前景广阔，深受设计爱好者及专业设计师的喜爱。目前，我国很多院校和培训机构的艺术设计类专业都将UI设计作为一门重要的专业课程。为了帮助院校和培训机构的教师全面、系统地讲授这门课程，也为了帮助读者能够熟练地使用Photoshop CC来进行设计创意，数字艺术教育研究室组织院校从事UI设计教学的教师和平面设计公司经验丰富的设计师共同编写了本书。

我们对本书的编写体例做了精心的设计，按照"知识点讲解—课堂案例—课堂练习—课后习题"这一思路进行编排，力求通过知识点讲解使读者了解UI设计的规范；通过课堂案例演练使读者快速掌握UI设计的流程；通过课堂练习和课后习题，提升读者的UI设计能力。本书在内容编写方面，力求细致全面、突出重点；在文字叙述方面，注意言简意赅、通俗易懂；在案例选取方面，注重案例的针对性和实用性。

本书附带学习资源，内容包括书中所有案例的素材及效果文件。读者在学完本书内容以后，可以调用这些资源进行深入练习。这些学习资源文件均可在线获取，扫描"资源获取"二维码，关注"数艺设"的微信公众号，即可得到资源文件获取方式，并且可以通过该方式获得"在线视频"的观看地址。另外，购买本书作为授课教材的教师也可以通过该方式获得教师专享资源，其中包括教学大纲、电子教案、PPT课件，以及课堂案例、课堂练习和课后习题的教学视频等相关教学资源包。如需资源获取技术支持，请致函szys@ptpress.com.cn。本书的参考学时为64学时，其中讲授环节和实训环节各为32学时，各章的参考学时可以参见下面的学时分配表。

资源获取

章	课程内容	学时分配	
		讲　授	实　训
第 1 章	初识 UI 设计	2	
第 2 章	图标设计	2	4
第 3 章	App 界面设计	8	8
第 4 章	网页界面设计	8	8
第 5 章	软件界面设计	8	8
第 6 章	游戏界面设计	4	4
学时总计		32	32

由于编者水平有限，书中难免存在不妥之处，敬请广大读者批评指正。

编　者
2021年12月

资源与支持

本书由"数艺设"出品，"数艺设"社区平台（www.shuyishe.com）为您提供后续服务。

学习资源

所有案例的素材、效果文件和在线视频

教师专享资源

教学大纲

电子教案

PPT课件

教学视频

资源获取请扫码

"数艺设"社区平台，为艺术设计从业者提供专业的教育产品。

与我们联系

我们的联系邮箱是 szys@ptpress.com.cn。如果您对本书有任何疑问或建议，请您发邮件给我们，并请在邮件标题中注明本书书名及ISBN，以便我们更高效地做出反馈。

如果您有兴趣出版图书、录制教学课程，或者参与技术审校等工作，可以发邮件给我们。如果学校、培训机构或企业想批量购买本书或"数艺设"出版的其他图书，也可以发邮件联系我们。

如果您在网上发现针对"数艺设"出品图书的各种形式的盗版行为，包括对图书全部或部分内容的非授权传播，请您将怀疑有侵权行为的链接通过邮件发给我们。您的这一举动是对作者权益的保护，也是我们持续为您提供有价值的内容的动力之源。

关于"数艺设"

人民邮电出版社有限公司旗下品牌"数艺设"，专注于专业艺术设计类图书出版，为艺术设计从业者提供专业的图书、视频电子书、课程等教育产品。出版领域涉及平面、三维、影视、摄影与后期等数字艺术门类，字体设计、品牌设计、色彩设计等设计理论与应用门类，UI设计、电商设计、新媒体设计、游戏设计、交互设计、原型设计等互联网设计门类，环艺设计手绘、插画设计手绘、工业设计手绘等设计手绘门类。更多服务请访问"数艺设"社区平台www.shuyishe.com。我们将提供及时、准确、专业的学习服务。

目　录

第1章　初识UI设计

第2章　图标设计

第3章 App界面设计

第6章 游戏界面设计

第 *1* 章

初识UI设计

本章介绍

随着互联网市场的逐渐成熟，企业对UI设计从业人员的要求变得更加综合化，因此想要从事UI设计行业的人员需要系统地学习与更新自己的知识体系。本章将对UI设计的相关概念、项目流程、风格表现、行业现状及学习方法进行系统的讲解。通过对本章的学习，读者可以对UI设计有一个宏观的认识，从而高效、便捷地进行后续UI设计的学习。

学习目标

◆ 掌握UI设计的相关概念
◆ 熟悉UI设计项目流程
◆ 了解UI设计不同的风格表现
◆ 了解UI设计行业的现状
◆ 掌握UI设计的学习方法

1.1 UI设计的相关概念

UI设计的相关概念包括UI设计的基本概念，UI与WUI、GUI的关系，以及UI设计的常用术语和常用软件。

1.1.1 UI设计的基本概念

UI即User Interface（用户界面）的缩写，是指对软件的人机交互、操作逻辑、界面美观度的整体设计。优秀的UI设计不仅要保证界面的美观，更要保证交互设计（Interaction Design，IxD）的可用性及用户体验（User Experience，UE/UX）的友好度，如图1-1所示。

图1-1 App界面展示

1.1.2 UI与WUI、GUI的关系

在设计领域，UI通常被分为WUI和GUI两类。WUI的全称为Web User Interface，即网页用户界面。在企业中，WUI设计师主要从事PC端网页设计的工作。GUI的全称为Graphical User Interface，即图形用户界面。因为移动端包含大量的图形用户界面，所以在企业中，GUI设计师主要从事移动端App的界面设计工作，如图1-2所示。

图1-2 WUI（左）和GUI（右）

1.1.3 UI设计的常用术语

UI（User Interface）：用户界面。

GUI（Graphical User Interface）：图形用户界面。

HUI（Handset User Interface）：手持设备用户界面。

WUI（Web User Interface）：网页用户界面。

IA（Information Architecture）：信息架构。

UE/UX（User Experience）：用户体验。

IxD（Interaction Design）：交互设计。

UED（User Experience Design）：用户体验设计。

UCD（User Centered Design）：以用户为中心的设计。

UGD（User Growth Design）：用户增长设计。

UR（User Research）：用户研究。

PM（Product Manager）：产品经理。

1.1.4 UI设计常用软件

图1-3所示是结合了专业性、市场认可度及用户使用量等因素总结出的UI设计常用软件。还有一部分专业性和功能都不错的软件，但由于篇幅限制，本书不再详细剖析，读者可以通过网络资料进行了解。这些常用软件如果都能够掌握，就完全可以胜任UI设计方面的工作了。针对初学者，建议先掌握Photoshop（简称PS）和Illustrator（简称AI），有条件的话还可以掌握Sketch。

图1-3 UI设计常用软件

1.2 UI设计项目流程

无论是从零开始打造一个产品，还是对产品进行迭代更新，都一定要有不同技能的角色分工合作才能完成。想要保证以最高效的方式做出具备市场竞争力的产品，就必须遵守规范的设计流程。

1.2.1 项目设计流程

对整个项目的设计流程而言，UI设计仅是其中的一部分。一个项目从启动到上线，会经历多个环节，由多个角色协作完成。每个角色基本都会对应一个或多个环节，图1-4所示的橙色部分为需要多个角色协作完成的环节。

图1-4 项目设计大流程（上）和展开流程（下）

1.2.2 UI设计流程

UI设计师（User Interface Designer，UID）是公司中专门负责界面设计的职位，其负责的具体内容包括界面设计、切图标注、动效制作等，主要交接文件是设计稿件与切图标注。随着UI设计的不断发展，UI设计师的工作已不局限于原先单纯的视觉执行层面，而是更多地参与到了产品设计环节中。由于职位对应的工作内容日趋多元化，UI设计可以分出更为细致的工作流程，如图1-5所示。

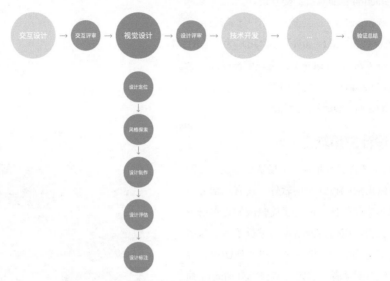

图1-5　UI设计工作流程

1.3　UI设计的风格表现

自2013年iOS 7推出以来，UI设计的风格由拟物化为主转化为以扁平化为主，因此UI设计的风格主要分为拟物化和扁平化两大类，如图1-6所示。

图1-6　拟物化（左）和扁平化（右）

1.拟物化风格

拟物化风格主要通过高光、纹理、阴影等效果模拟真实物品的造型和质感，将其在UI设计中再现，如图1-7所示。

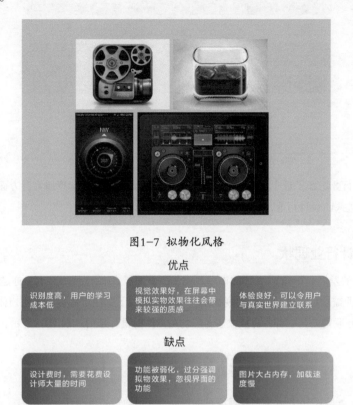

图1-7 拟物化风格

优点

识别度高，用户的学习成本低	视觉效果好，在屏幕中模拟实物效果往往会带来较强的质感	体验良好，可以令用户与真实世界建立联系

缺点

设计费时，需要花费设计师大量的时间	功能被弱化，过分强调拟物效果，忽视界面的功能	图片大占内存，加载速度慢

2.扁平化风格

扁平化风格去除了诸如透视、纹理、渐变等冗余、厚重和繁杂的装饰效果，运用抽象、极简和符号化的设计元素进行表现，如图1-8所示。

图1-8 扁平化风格

优点

扁平化设计具备一致性和适应性，因此设计更加高效、便捷

信息突出，减少用户认知障碍，产品更加易用

简约清晰，比起拟物化的厚重，扁平化的轻量设计使界面焕然一新

缺点

缺乏情感，界面有时会显得过于生硬

不够直观，用户需要一定的学习成本

体验降低，扁平化的代入感较弱

1.4　UI设计的行业发展

国内UI设计行业历经了近十年的发展，相关岗位、能力要求及薪资待遇等各方面都发生了巨大的变化。想要进入UI设计行业，要先了解其现状及发展趋势。

1.4.1　UI设计行业现状

经过近十年的发展，国内UI设计的市场规模不断扩大，UI设计师的需求量亦越发庞大，高级UI设计师紧缺。企业需求已经从单一地重视视觉美观度提升到了关注产品整体的用户体验。国内诸如腾讯、网易等大型互联网公司，都各自成立了专门的用户体验设计部门，如图1-9所示。

图1-9　大型互联网公司纷纷成立专门的用户体验设计部门

1.地域特征

由于政策引进、网络发展和人才聚集等原因，我国UI设计行业有着明显的地域特征。目前，UI设计行业发展最为突出、UI设计师人数最多的城市是北京，其次是上海，然后是深圳与杭州。

2.行业分布

大部分UI设计师就职于互联网公司，不少传统行业的公司也已经融入了互联网技术，并开始招聘UI设计师，向"互联网+"的方向发展，如图1-10所示。

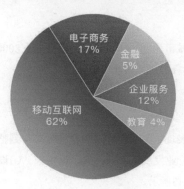

图1-10 UI设计师行业分布

3.岗位细分

得益于近年来UI设计行业的快速发展，UI设计相关的岗位越来越细化，演变出了不少新的岗位，如图1-11所示。

图1-11 UI设计岗位细分

4. 能力要求

近年来，UI设计师的能力要求早已从基础的视觉规范、界面美观上升到了产品的交互设计、用户体验层面，"全栈设计师"和"全链路设计师"的概念亦顺应能力要求的提高而出现。UI设计师对能力的综合性要求越来越高，如图1-12所示。

图1-12 对UI设计师的能力要求（以热门城市月薪在10000元以上的UI设计师为基准）

5.薪酬待遇

以目前UI行业发展比较快的城市为例，UI设计师月薪普遍在8000元以上的超过50%。影响UI设计师薪资的因素主要有工作岗位、过往经历、从业年限等。

1.4.2 UI设计发展趋势

从早期专注于工具的技法型表现，到现在要求UI设计师参与到整个产品链条中兼顾商业目标和用户体验，可以看出国内的UI设计行业发展是飞跃式的。近年来，UI设计从设计风格、技术实现到应用领域都发生了巨大的变化，如图1-13所示。

图1-13 UI设计发展趋势

1.技术实现

虚拟现实、增强现实及人工智能等技术的发展，使得UI设计更加高效，交互亦更为丰富。

2.设计风格

UI设计的风格经历了由拟物化到扁平化的转变，现在以扁平化风格为主，加入了Material Design设计语言（由谷歌公司推出的全新材料设计语言），使设计更为醒目、细腻。

3.应用领域

UI设计的应用领域已由PC端和移动端扩展到可穿戴设备、无人驾驶汽车、AI（Artificial Intelligence，人工智能）机器人等，前景非常广阔。

今后无论技术如何进步，设计风格如何转变，甚至应用领域如何不同，UI设计师都将参与到产品设计的整个链条中，实现人性化、包容化、多元化的目标。

1.5 UI设计的学习方法

对于UI设计的初学者来讲，首先要明确市场现在到底需要什么样的设计师，这样才能有针对性地学习，提升技能。结合最近的市场需求，下面推荐一些学习方法。

1.软件学习

软件的学习是UI设计的"刚需"和基础，设计师即使有再好的想法，如果不能通过软件制作出来也是徒劳。我们主要需要学习的软件有Photoshop、Illustrator、After Effects、Axure RP和墨刀，有条件的设计师还可以学习Sketch和Principle，如图1-14所示。

图1-14 UI设计师需学习的主流软件

2.开阔眼界

眼界的开阔至关重要，许多UI设计师无法做出美观的界面就是因为没有看过足够多的优秀设计作品。这里推荐3种方法助力设计师开阔眼界。

第1种：阅读优秀设计师的文章，吸取他们的经验。对初学者而言，首先要学习规范类的文章，如iOS设计规范和Android设计规范，两者都可以在网上查到官方的设计指南，如图1-15所示。本书也会在3.2节中对其进行深入剖析，以帮助读者理解。

图1-15 iOS设计规范（上）和Android设计规范（下）

第2种：阅读优秀图书，系统地学习UI设计的相关知识和设计应用方法。读者可以在网上输入关键词查找所需的图书，先通过内容提要和目录了解图书的内容和特色，最后选择适合自己的图书进行全面的学习。

第3种：欣赏优秀的作品。建议读者每天拿出1~2小时到UI中国、站酷（ZCOOL）、追波（Dribbble）等网站浏览最新的作品，如图1-16所示，并加入收藏，形成自己的资料库。

图1-16 网站推荐

3.临摹学习

眼界开阔后，还需要进行临摹学习。首先推荐读者从应用中心下载优秀的App，截图保存并进行临摹；其次读者可以从优秀案例中获取临摹样本。临摹一定要保证与原设计完全一样，并且要多加练习。

4.项目实战

经过一定的积累后，最好通过一套完整的企业项目来提升设计能力。从原型图到设计稿，再到切图标注，甚至可以制作成动效原型。完成一整套项目的实战，会让我们的设计能力有质的提升。

第 2 章

图标设计

本章介绍

图标设计是UI设计中的重要组成部分，它可以帮助用户更好地理解产品的功能，是打造用户体验的关键一环。本章将对图标的基础知识、设计规范、风格类型及绘制方法进行系统的讲解与演练。通过对本章的学习，读者可以对图标设计有一个基本的认识，并快速掌握绘制图标的规范和方法。

学习目标

◆ 了解图标设计的基础知识
◆ 掌握图标设计的规范
◆ 了解图标设计的风格

技能目标

◆ 掌握扁平化风格的单色面性图标的绘制方法

本节介绍与UI图标设计相关的基础知识，主要包括图标的概念、图标设计的流程及图标设计的原则。

2.1.1 图标的概念

图标又称为"Icon"，是指具有明确指代含义的计算机图形。从广义上讲，图标是高度浓缩、能快捷传达信息、便于记忆的图形符号，其应用范围很广，包括软件界面、硬件设备及公共场所等，如图2-1所示；从狭义上讲，图标则多应用于计算机软件方面，其中桌面中的图标是软件标识，界面中的图标是功能标识，如图2-2所示。

图2-1 公共场所指示图标（左）和Windows 10桌面图标（右）

图2-2 界面中的图标

2.1.2 图标设计的流程

图标设计可以按照分析调研、寻找隐喻、设计图形、建立风格、细节润色、场景测试的流程来进行，如图2-3所示。

图2-3 图标设计流程

1.分析调研

图标是根据品牌的调性、产品的功能进行设计的，不同场景的图标设计方法也会有区别。因此，设计图标之前要先分析需求，确定图标的功能，并进行相关竞品的调研，明确设计方向。图2-4所示为音乐类竞品图标。

图2-4 音乐类竞品图标

2.寻找隐喻

隐喻通常指从一种事物联想到另一种事物，如谈到歌曲，会联想到音符，如图2-5所示。寻找隐喻是图标设计的常用思路，在明确设计方向后，应根据产品功能，通过联想找到相关的物品，进行相关元素的收集。

图2-5 QQ音乐图标的联想过程

3.设计图形

图形的设计非常考验设计师的基本功。通过联想收集相关的元素之后，设计师需要绘制一系列草图，提炼设计出成形的图形，如图2-6所示，并根据图标的规范在计算机上进行微调。

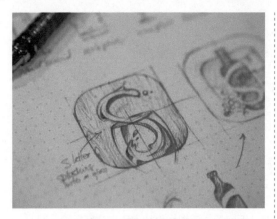

图2-6 图标设计草图

4.建立风格

目前的图标设计风格还是以拟物化和扁平化两种为主，如图2-7所示，其中扁平化为当今流行的设计风格。因此，我们在设计图标时要结合前期的分析调研，建立符合需求的风格。

图2-7 拟物化（左）和扁平化（右）设计风格的音乐应用图标

5.细节润色

细节往往是区别于竞品、建立产品气质的关键。细节润色一般会从颜色、质感、造型等方面入手，最终完成体现产品特点的图标设计，如图2-8所示。

图2-8 图标质感调整前后的对比效果

6.场景测试

为了让图标适用于不同场景及不同分辨率的屏幕，还需要根据规范调整图标的分辨率，具体的规范会在第2.2节进行深入剖析。最后在产品上线前，还要将设计的图标在不同的应用场景中进行测试，以确保其可用性和识别度，如图2-9所示。

图2-9 不同应用场景中的图标

2.1.3 图标设计的原则

图标设计要遵循设计准确、视觉统一、简洁美观、愉悦友好四大原则。

1.设计准确

图标的设计准确具体体现在表意准确和制作准确两个方面。

表意准确是指在使用时，图标能够快速传达准确的信息，用户理解时不会产生困惑，如图2-10所示。

图2-10 表意准确的音乐类图标

制作准确是指在绘图软件中，图标的X和Y值应设为整数，而不是小数，并且图标的W（宽度）和H（高度）应设为偶数，如图2-11所示，这样可以保证图标的清晰度。

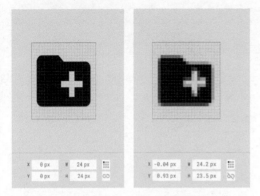

图2-11 正确示例（左）和错误示例（右）

2.视觉统一

图标设计需要在基本造型、风格表现、节奏平衡上保持视觉统一。

在基本造型上，需要根据规范对图标各部分设计进行统一，如图2-12所示。具体的规范会在第2.2节进行深入剖析。

图2-12 形体的基本造型统一的图标（左）和基本造型未统一的图标（右）

得益于移动互联网的发展，图标的风格非常多样化。设计师可以根据应用场景和产品情况选择合适的风格。需要注意，在进行多色图标的设计时，用色尽量不要超过3种，否则会导致视觉混乱，如图2-13所示。具体的风格会在第2.3节进行深入剖析。

在节奏平衡上，可以根据模板对图标进行规范，达到节奏协调、视觉平衡的效果，如图2-14所示。具体的规范会在第2.2节进行深入剖析。

图2-13 App界面中风格统一的图标

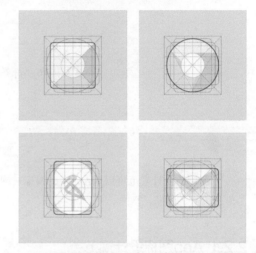

图2-14 在模板的辅助下设计出节奏平衡的图标

3.简洁美观

图标的设计应尽量保持图形的简洁，去掉多余的装饰，如图2-15所示。将简洁的图形精细化设计，形成设计上的节奏感。

图2-15 去掉多余的装饰，保持图形的简洁

4.愉悦友好

赋予图标适度的情感，不仅能令用户快速实现目标，更能使其体验交互的喜悦。其中，为图标添加交互动效就是一种能快速赋予图标情感的方法。

图2-16所示的金融App界面中的图标被赋予了细腻的动效。

图2-16 App界面中的交互效果

2.2 ▷ 图标的设计规范

图标的设计规范可以从App中的图标、网页中的图标、软件中的图标3个方面进行详细的讲解。

2.2.1 App图标设计规范

在App中，图标主要分为应用图标和系统图标两种。

1.应用图标

（1）应用图标的概念

应用图标即产品图标，是品牌和产品的视觉表现，如图2-17所示。应用图标主要用于主屏幕。

iOS中的各类应用图标

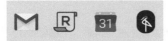

Android系统中的各类应用图标

图2-17 应用图标

（2）应用图标的设计

iOS应用图标尺寸 应用图标的设计尺寸通常可以采用1024px，并根据iOS官方模板进行规范，如图2-18所示；正确的图标设计稿应是直角矩形不带圆角的，iOS会自动应用一个圆角遮罩将图标的4个角遮住。

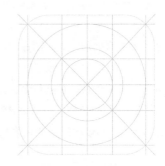

图2-18 iOS官方模板

应用图标会以不同的分辨率出现在主屏幕、App Store、Spotlight及设置场景中，尺寸也应根据不同设备的分辨率进行适配，如图2-19所示。

设备名称	应用图标	App Store图标	Spotlight图标	设置图标
iPhone X, 8+, 7+, 6s+, 6s	180 px × 180 px	1024 px × 1024 px	120 px × 120 px	87 px × 87 px
iPhone X, 8, 7, 6s, 6, SE , 5s, 5c, 5, 4s, 4	120 px × 120 px	1024 px × 1024 px	80 px × 80 px	58 px × 58 px
iPhone 1, 3G, 3GS	57 px × 57 px	1024 px × 1024 px	29 px × 29 px	29 px × 29 px
iPad Pro 12.9, 10.5	167 px × 167 px	1024 px × 1024 px	80 px × 80 px	58 px × 58 px
iPad Air 1 &2, Mini 2 &4, 3 &4	152 px × 152 px	1024 px × 1024 px	80 px × 80 px	58 px × 58 px
iPad 1, 2, Mini 1	76 px × 76 px	1024 px × 1024 px	40 px × 40 px	29 px × 29 px

图2-19　iOS中不同设备应用图标的尺寸

Android系统应用图标尺寸 创建应用图标时，尺寸应以320dpi（Android系统开发时规定以dpi为标准，dpi表示Android每英寸所拥有的像素数量）分辨率中的48dp（dp是Android系统上的基本单位，这里的48dp等同于96px）为基准；设计时图标以400%放大（192dp×192dp）进行查看和编辑，它将以4dp显示边缘；当比例返回100%（48dp）时，可以保留锐利的边缘和正确的对齐方式，如图2-20所示。

Material Design（谷歌公司推出的新的设计语言）为Android系统提供了4种不同形状的应用图标及尺寸供UI设计师参考，以保持视觉平衡，如图2-21所示。

应用图标的尺寸应根据不同设备的分辨率进行适配，如图2-22所示。当应用图标应用于Google Play中时，其尺寸是512 px×512px。

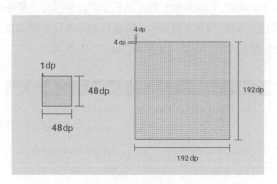

图2-20　Android系统中应用图标的设计尺寸

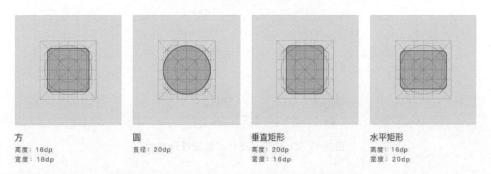

图2-21　Android系统中4种不同形状的应用图标尺寸

图标单位	mdpi (160dpi)	hdpi (240dpi)	xhdpi (320dpi)	xxhdpi (480dpi)	xxxhdpi (640dpi)
dp	24 dp x 24 dp	36 dp x 36 dp	48 dp x 48 dp	72 dp x 72 dp	96 dp x 96 dp
px	48 px x 48 px	72 px x 72 px	96 px x 96 px	144 px x 144 px	192 px x 192 px

图2-22 Android系统中不同设备应用图标的尺寸

2.系统图标

（1）系统图标的概念

系统图标即界面中的功能图标，是通过简洁、现代的图形表达一些常见的功能系统。图标主要应用于界面的导航栏、工具栏及标签栏等区域，如图2-23所示。

图2-23 系统图标

（2）系统图标的设计

iOS图标尺寸iPhone SE/6/6s/7/8/XR导航栏和工具栏上的图标尺寸一般是44px，标签栏上的图标尺寸一般是50px；苹果公司官方提供了4种不同形状的标签栏图标及尺寸供UI设计师参考，其意义是让不同外形的图标处在同一个标签栏中时，保证视觉平衡，如图2-24所示。

造型	正常标签栏	紧凑标签栏
圆形	50px x 50px (25pt x 25pt @2x)	36px x 36px (18pt x 18pt @2x)
	75px x 75px (25pt x 25pt @3x)	54px x 54px (18pt x 18pt @3x)
方形	46px x 46px (23pt x 23pt @2x)	51px x 51px (17pt x 17pt @2x)
	69px x 69px (23pt x 23pt @3x)	36px x 36px (17pt x 17pt @3x)
扁形	62px (31pt @2x)	46px (23pt @2x)
	93px (31pt @3x)	69px (23pt @3x)
长形	56px (28pt @2x)	40px (20pt @2x)
	84px (28pt @3x)	60px (20pt @3x)

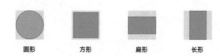

圆形　　　　　方形　　　　　扁形　　　　　长形

图2-24 iOS标签栏图标形状及设计尺寸

系统图标会以不同的分辨率出现在界面的导航栏、工具栏及标签栏等区域中，尺寸也应根据不同设备的分辨率进行适配，如图2-25所示。

设备名称	导航栏和工具栏图标尺寸	标签栏图标尺寸	
iPhone 8+, 7+, 6+, 6s+	66 px x 66 px	75 px x 75 px	最大144 px x 96 px
iPhone 8, 7, 6s, 6, SE	44 px x 44 px	50 px x 50 px	最大96 px x 64 px
iPad Pro, iPad, iPad mini	44 px x 44 px	50 px x 50 px	最大96 px x 64 px

图2-25 iOS中不同设备系统图标的尺寸

Android系统图标尺寸 创建系统图标时，尺寸以320dpi分辨率中的24dp为基准；图标应该留出一定的边距，如图2-26所示，以保证不同面积的图标有协调一致的视觉效果。

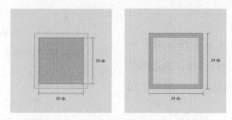

图2-26 Android系统图标设计尺寸

Material Design为Android系统提供了4种不同形状的应用图标及尺寸供UI设计师参考，以保持一致的视觉平衡，如图2-27所示。

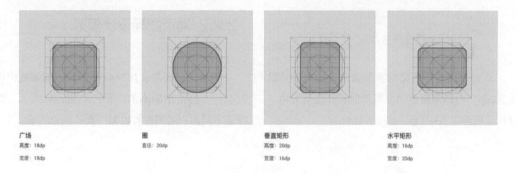

广场
高度：18dp
宽度：18dp

圈
直径：20dp

垂直矩形
高度：20dp
宽度：16dp

水平矩形
高度：16dp
宽度：20dp

图2-27 Android系统中4种不同形状的系统图标及尺寸

系统图标的尺寸应根据不同设备的分辨率进行适配，如图2-28所示。

图标单位	mdpi (160dpi)	hdpi (240dpi)	xhdpi (320dpi)	xxhdpi (480dpi)	xxxhdpi (640dpi)
dp	12 dp x 12 dp	12 dp x 18 dp	12 dp x 24 dp	12 dp x 36 dp	48 dp x 48 dp
px	24 px x 24 px	24 px x 36 px	24 px x 48 px	24 px x 72 px	196 px x 196 px

图2-28 Android系统中不同设备系统图标的尺寸

系统图标通常由①描边末端、②圆角、③反白区域、④描边、⑤内部角、⑥边界区域6部分组成，如图2-29所示。

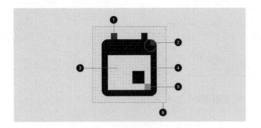

图2-29 系统图标的组成

下面对常用部分进行介绍。

描边末端：描边末端应该是直线并带有角度，留白区域的描边粗细也应该是2dp；描边如果倾斜45°，那么末端也应该倾斜45°，如图2-30所示。

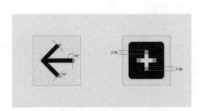

图2-30 描边粗细为2dp的图标

边角：圆角和内部角都是边角，边角半径默认为2dp；内部角应该用方形角而不要使用圆角，圆角半径建议使用2dp，如图2-31所示。

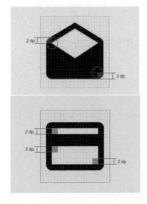

图2-31 边角半径为2dp的图标

描边：系统图标应使用2dp的宽度描边，以保持图标的一致性，如图2-32所示。

图2-32 描边粗细为2dp的图标

除了前面提到的6部分外，视觉校正也是一种可能用到的功能。

视觉校正：如果系统图标需要设计复杂的细节，则可以进行细微的调整，以提高其清晰度，如图2-33所示。

图2-33 复杂图标的视觉校正

2.2.2 网页图标设计规范

1.设计尺寸

网页图标通常在1024px×1024px的画板中进行制作，并留出64px的边距，如图2-34所示，以保证不同面积的图标有协调一致的视觉效果。

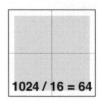

图2-34 设计尺寸

Ant Design（一种UI设计语言）提供了6种最常用的图标设计的基本形式供设计师参考，以方便设计师快速地调用并在此基础上做出变形，如图2-35所示。

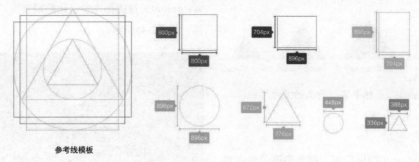

参考线模板

图2-35 Ant Design图标设计的6种基本形式

2.设计元素

Ant Design中最常见的基本元素可以归纳为点、线、圆角、三角。基本元素在使用上的尺寸如图2-36所示。

点	线	圆角	三角
...	...	/	...
80px	56px	8px	144px
96px	64px	16px	216px
112px	72px	32px	240px
128px	80px	...	264px
...	...	...	...

图2-36 Ant Design基本元素及尺寸

点：Ant Design建议在点的尺寸选择上保持16的倍数这一原则，常用点的4种尺寸分别为80 px、96 px、112 px、128 px，如图2-37所示。

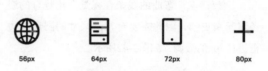

| 80px | 96px | 112px | 128px |

图2-37 不同尺寸的点

线：Ant Design在线条尺寸的关系上采用8的倍数原则，从小到大以8的倍数递增；常用线的4种尺寸分别为56 px、64 px、72 px、80 px，如图2-38所示。

| 56px | 64px | 72px | 80px |

图2-38 不同线的尺寸

圆角：Ant Design对于圆角尺寸采取的也是8的倍数原则，最常用的3种尺寸分别为8 px、16 px、32 px，如图2-39所示，其中图标内角保持直角的处理方式。

| 8px | 8px、16px、32px | 8px、32px |

图2-39 圆角的尺寸

三角：Ant Design中的三角受到战斗机设计的启发，将常用的角度定在76°左右，如图2-40所示。

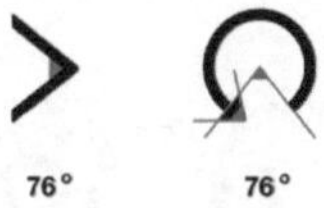

| 76° | 76° |

图2-40 三角的尺寸

Ant Design除了定义角度外，对图标中实心箭头的尺寸也做了调整。在顶角大约保持76°的基础上，宽度保持8倍数的原则，间隔为24，如图2-41所示。

W:264px H:172px　　W:240px H:158px　　W:216px H:142px　　W:144px H:94px

图2-41　图标中实心箭头的尺寸

3.视觉平衡

Ant Design在图标造型、摆放角度及留白空间3个方面，通过对基本元素的尺寸进行微调来实现图标的平衡感。

图标造型：弯曲的线条在视觉上比竖直的线条看起来更细，因此需要对72px尺寸的圆形外边框进行4px的微调，如图2-42所示。

图2-42　图标造型带来的微调

摆放角度：倾斜的线条在视觉上同样会比竖直的线条看起来更细，因此需要对倾斜的线条进行4px的微调，如图2-43所示。

图2-43　摆放角度带来的微调

留白空间：当图形的留白不足时，可通过调整线条的粗细来平衡视觉重量，如图2-44所示。

图2-44　留白空间带来的微调

4.使用原则

为支持响应式设计，交付前端的图标，应尽量使用SVG矢量格式图标，或者将图标直接上传

到iconfont矢量图标库中，让前端直接调用图标字体，如图2-45所示。

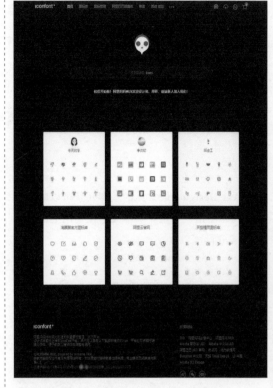

图2-45　iconfont阿里巴巴矢量图标库

2.2.3 软件图标设计规范

软件中的图标主要分为应用图标和界面图标，如图2-46所示。

图2-46　应用图标示例

图2-46 界面图标示例（续）

1.应用图标

应用图标会用于软件中的不同场景，由于场景不同，图标的具体名称也会有所变化。如Windows系统中的应用图标，如图2-47所示。

图标名称	显示在	资产文件名称
小磁贴	"开始"菜单	SmallTile.png
中等磁贴	开始菜单中，Microsoft Store listing\ *	Square150x150Logo.png
宽磁贴	"开始"菜单	Wide310x150Logo.png
大磁贴	开始菜单中，Microsoft Store listing\ *	LargeTile.png
应用图标	在开始菜单、任务栏、任务管理器的应用列表	Square44x44Logo.png
初始屏幕	应用的初始屏幕	是 SplashScreen.png
锁屏提醒徽标	你的应用磁贴	BadgeLogo.png
程序包徽标/应用商店徽标	应用安装程序，合作伙伴中心中，在应用商店，在应用商店中的"写评论"选项中的"报告应用程序"选项	StoreLogo.png

图2-47 应用图标的名称

（1）磁贴图标

4个磁贴分别为小磁贴（71px×71px）、中等磁贴（150px×150px）、宽磁贴（310px×150px）、大磁贴（310px×310px）。

小磁贴：将图标宽度和高度限制为磁贴大小（71px×71px）的66%，如图2-48所示。

中等磁贴：将图标宽度限制为磁贴大小（150px×150px）的66%，高度限制为50%。这样可以防止品牌栏中的元素重叠，如图2-49所示。

宽磁贴：将图标宽度限制为磁贴大小（310px×150px）的66%，高度限制为50%。这样可以防止品牌栏中的元素重叠，如图2-50所示。

图2-48 小磁贴

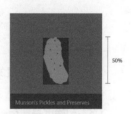

图2-49 中等磁贴

图2-50 宽磁贴

大磁贴：将图标宽度限制为磁贴大小（310px×310px）的66%，高度限制为50%，如图2-51所示。

图2-51 大磁贴

（2）应用图标

在桌面"开始"菜单的应用列表、桌面任务栏、桌面快捷方式、桌面控制面板中，应用图标的设计尺寸如图2-52所示。

资源大小 (px)	文件名示例
16x16*	Square44x44Logo.targetsize-16.png
24x24*	Square44x44Logo.targetsize-24.png
32x32*	Square44x44Logo.targetsize-32.png
48x48*	Square44x44Logo.targetsize-48.png
256x256*	Square44x44Logo.targetsize-256.png
20x20	Square44x44Logo.targetsize-20.png
30x30	Square44x44Logo.targetsize-30.png
36x36	Square44x44Logo.targetsize-36.png
40x40	Square44x44Logo.targetsize-40.png
60x60	Square44x44Logo.targetsize-60.png
64x64	Square44x44Logo.targetsize-64.png
72x72	Square44x44Logo.targetsize-72.png
80x80	Square44x44Logo.targetsize-80.png
96x96	Square44x44Logo.targetsize-96.png

图2-52 应用图标的设计尺寸，"*"表示建议的最小尺寸

（3）初始屏幕图标

初始屏幕的尺寸如图2-53所示，图标对应放置于屏幕内，一般建议在620 px×300 px的初始屏幕内进行图标设计。

图2-53 初始屏幕

（4）锁屏提醒图标

锁屏提醒图标和其他应用图标不同，设计师不能使用自己的锁屏提醒图像，仅可以使用系统提供的。

（5）应用商店图标

在应用商店中，可以上传图标替代图像，其尺寸分别为300 px×300 px、150 px×150 px和71 px×71 px。虽然需要提供3个尺寸的图像，但只用对300 px×300 px的图像进行设计即可，如图2-54所示。

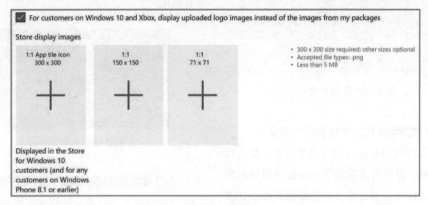

图2-54 应用商店图标的尺寸

2.界面图标

界面图标在前面介绍App图标设计规范和网页图标设计规范时进行过详尽的讲解，因此这里主要总结Windows操作系统中软件界面图标的一些正确使用方法。

（1）使用系统自带图标

Microsoft向用户提供了1000 多个Segoe MDL2 Assets字体格式的图标，如图2-55所示。这些图标在不同的显示器、分辨率、甚至不同的尺寸下都能保持清晰、简洁。

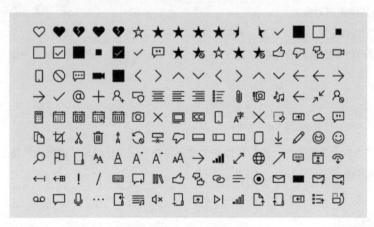

图2-55 系统自带图标

（2）使用图标字体

推荐使用的图标字体，除了系统自带的 Segoe MDL2 Assets 图标字体，还可以使用如Wingdings 或Webdings的图标字体，如图2-56所示。

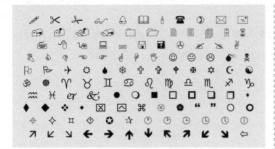

图2-56 图标字体

（3）使用可缩放的矢量图形SVG文件

SVG文件可以在任何尺寸或分辨率下都拥有清晰的外观，并且大多数绘图软件都可以导出为SVG文件，因此它非常适合作为图标资源，如图2-57所示。

图2-57 SVG文件

（4）使用几何图形对象

几何图形与SVG文件一样，也是一种基于矢量的资源，所以可以保证清晰的外观。由于必须单独指定每个点和曲线，因此创建几何图形比较复杂，如图2-58所示。不过，当程序运行时修改图标（以便对其进行动画处理等）的话，它确实非常适用。

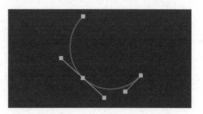

图2-58 几何图形

（5）使用位图图像（如PNG、GIF或JPEG）

位图图像要以特定尺寸创建，当它缩小时，通常会变模糊；当它放大时，通常会带有像素颗粒，如图2-59所示，因此不建议使用。如果必须使用位图图像，建议使用 PNG 或 GIF格式，而不要使用 JPEG格式。

图2-59 位图图像

2.3 图标的风格类型

从风格表现上进行分类，图标可以分为像素风格、扁平化风格、拟物化风格、微拟物化风格及立体风格。

2.3.1 像素风格

像素风格的图标是由多个像素点组成的插图，其本身是位图。在早期的计算机界面、游戏画面中经常使用像素风格图标，因此它常会带给用户怀旧、复古的体验，如图2-60所示。

图2-60 游戏中的像素图标

2.3.2　扁平化风格

自2013年iOS 7推出以后，扁平化风格成为设计的主流趋势，扁平化的图标也成为界面图标的主导风格。扁平化风格的图标简洁美观、功能突出，其可以细分为线性图标、面性图标和线面结合图标。

1.线性图标

线性图标通过统一的线条进行绘制，表现产品的功能。线性图标经常用于App界面底部的标签栏、导航栏的功能按钮及界面中的分类，如图2-61所示。

图2-61　应用于App界面底部的标签栏（上）和应用于导航栏（下）

线性图标形象简洁、设计轻盈，其又可以细分为圆角图标、直角图标、断点图标、高光式图标、不透明度图标、双色图标及一笔画图标。

圆角图标：圆角图标柔和、亲切，一般用于表现母婴、儿童及女性等方面的内容，如图2-62所示。

图2-62　圆角图标

直角图标：直角图标明快、果断，一般用于表现金融及工具等方面的内容，如图2-63所示。

图2-63　直角图标

断点图标：断点图标有趣、丰富，一般用于表现年轻、可爱等方面的内容，如图2-64所示。

图2-64　断点图标

高光式图标：高光式图标较传统，一般用于表现银行等方面的内容，如图2-65所示。

不透明度图标：不透明度图标比较有层次感，适用范围较广，如图2-66所示。

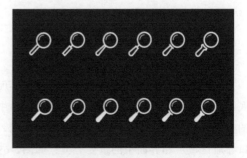

图2-65　高光式图标

图2-66 不透明度图标

双色图标：双色图标由两种不同色彩的线搭配构成，用于表现可爱、活泼等方面的内容，如图2-67所示。

图2-67 双色图标

一笔画图标：一笔画图标比较有文艺感，同时绘制难度系数比较高，一般用于表现文化、艺术等方面的内容，如图2-68所示。

图2-68 一笔画图标

2.面性图标

面性图标即填充图标，经常用于App界面底部的标签栏、图标的选中状态，以及界面中的金刚区（专指App页面Banner下方的功能入口导航区域）和界面中的重要分类，如图2-69所示。

图2-69 面性图标

面性图标整体饱满、形象突出，又可以细分为单色面性图标、不透明色块面性图标、微渐变面性图标、光影效果图标、折纸投影图标及多色面性图标。

单色面性图标：单色面性图标是最基本的面性图标，一般用于App界面底部的标签栏及图标的选中状态，如图2-70所示。

不透明色块面性图标：不透明色块面性图标比较有层次感，一般用于App界面中的金刚区，起到业务导流作用，如图2-71所示。

微渐变面性图标：微渐变面性图标也比较有层次感，但表现不够分明，一般用于App界面中的金刚区，起到业务导流作用，如图2-72所示。

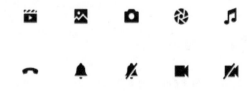

图2-70 单色面性图标

图2-71 不透明色块面性图标

图2-72 微渐变面性图标

光影效果图标：光影效果图标带有微拟物化效果，一般用于App界面中的金刚区，起到业务导流作用，如图2-73所示。

折纸投影图标：折纸投影图标带有微拟物化效果，一般用于App界面中的金刚区，起到业务导流作用，或直接作为工具类图标，如图2-74所示。

多色面性图标：多色面性图标酷炫、多彩，一般用于表现生活等方面的内容，如图2-75所示。

图2-73 光影效果图标

图2-74 折纸投影图标

图2-75 多色面性图标

3.线面结合图标

线面结合图标由线性图标和面性图标结合而成。线面结合图标经常用于趣味性App界面底部的标签栏、界面中的分类或引导页与弹框中，如图2-76所示。

图2-76 线面结合图标

线面结合图标充满活力、形象有趣，又可以细分为点缀填充图标、错位填充图标、全部填充图标3种。

点缀填充图标：点缀填充图标的填充面积约占图标整体的30%，一般用于App界面底部的标签栏，如图2-77所示。

图2-77 点缀填充图标

错位填充图标：错位填充图标的面与线进行错位，一般用于App界面底部的标签栏，如图2-78所示。

图2-78 错位填充图标

全部填充图标：全部填充图标充实、饱满，一般用于App界面中的分类或引导页与弹框中，如

图2-79所示。

图2-79 全部填充图标

2.3.3 拟物化风格

拟物化风格在iOS6时代达到了流行的巅峰。拟物化风格的图标对现实的还原度较高，其质感强烈、识别性高，但在功能表现上却不如扁平化风格的图标更直接。拟物化风格图标常用于工具类、游戏类应用，如图2-80所示。

图2-80 拟物化风格图标

2.3.4 微拟物化风格

微拟物化风格图标减轻了拟物化风格的厚重质感，带有基本的投影和阴影效果，介于拟物化和扁平化风格之间。微拟物化图标常用于工具类应用，如图2-81所示。

图2-81 微拟物化风格图标

2.3.5 立体风格

立体风格图标有别于传统的平面图标，其具备强烈的体积感和空间感。活动专题页、引导页、空状态经常使用立体风格的图标，如图2-82所示。

图2-82 立体风格图标

立体风格的图标视觉突出、层次分明，可以细分为3D图标和2.5D图标。

3D图标：3D图标真实、细致，一般用于表现游戏及工具等方面的内容，如图2-83所示。

图2-83 3D图标

2.5D图标：2.5D图标现代、耐看，一般用于表现现代、有趣及文艺等方面的内容，如图2-84所示。

图2-84 2.5D图标

2.4 ▶ 课堂案例——绘制扁平化风格的不透明色块面性图标

【案例学习目标】学会使用不同的图形工具绘制图标。

【案例知识要点】使用"椭圆形工具"绘制灯泡主体，使用"圆角矩形工具"和"多边形工具"绘制其他部分，使用"属性"面板确认大小和位置，效果如图2-85所示。

【案例环境展示】实际应用中案例展示效果如图2-86所示。

【效果所在位置】Ch02\效果\绘制扁平化风格的不透明色块面性图标.psd。

图2-85

图2-86

01 按Ctrl+N组合键，弹出"新建文档"对话框。将"宽度"设为512像素，"高度"设为512像素，"分辨率"设为72像素/英寸，"背景内容"设为深灰色（R:28，G:28，B:28）（本书颜色均为RGB颜色），如图2-87所示。单击"创建"按钮，完成文档的创建。

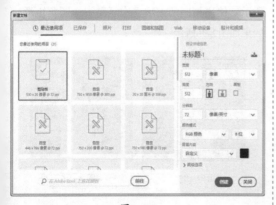

图2-87

02 选择"椭圆工具" ◯ ，在属性栏的"选择工具模式"下拉列表框中选择"形状"选项，将"填充"颜色设为白色，"描边"颜色设为无。按住Shift键的同时在图像窗口中适当的位置绘制圆形，如图2-88所示，在"图层"面板中生成新的形状图层"椭圆1"。

图2-88

03 选择"窗口 > 属性"命令，弹出"属性"面板，在面板中进行设置，如图2-89所示，按Enter键确认操作。在"图层"面板中，将"椭圆1"图层的"不透明度"选项设为30%，按Enter键确认操作，效果如图2-90所示。

图2-89

图2-90

置绘制圆角矩形。在属性栏中将"填充"颜色设为白色，"描边"颜色设为无。在"属性"面板中进行其他设置，如图2-93所示，按Enter键确认操作，效果如图2-94所示。

图2-93

图2-94

04 选择"多边形工具" ⚪，在属性栏中将"边"选项设为3。在图像窗口中适当的位置绘制三角形，在"图层"面板中生成新的形状图层"多边形1"。在属性栏中将"填充"颜色设为无，"描边"颜色设为白色，"粗细"选项设为14像素，"W"选项设为257像素，"H"选项设为266像素，效果如图2-91所示。在"图层"面板中，将"多边形1"图层的"不透明度"选项设为60%，按Enter键确认操作，效果如图2-92所示。

06 选择"路径选择工具" ▶，选择圆角矩形。按住Alt+Shift组合键的同时在图像窗口中将其向下拖曳到适当的位置，进行复制，效果如图2-95所示。使用相同的方法再次复制一个圆角矩形，效果如图2-96所示。

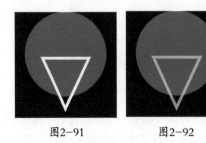

图2-91   图2-92

图2-95   图2-96

05 选择"圆角矩形工具" ⚪，在属性栏中将"半径"选项设为8像素，在图像窗口中适当的位

07 选择"椭圆工具" ⚪，在图像窗口中适当的

位置绘制椭圆形，在"图层"面板中生成新的形状图层"椭圆2"。在属性栏中将"填充"颜色设为白色，"描边"颜色设为无。在"属性"面板中进行其他设置，如图2-97所示，按Enter键确认操作，效果如图2-98所示。

08 在"图层"面板中将"椭圆2"图层的"不透明度"选项设为49%，按Enter键确认操作，效果如图2-99所示。扁平化风格的不透明色块面性图标制作完成。

图2-99

图2-97

图2-98

2.5 课堂案例——绘制扁平化风格的不透明叠加效果图标

【案例学习目标】学会使用不同的绘图工具绘制图标。

【案例知识要点】使用"圆角矩形工具"绘制图标主体，使用"矩形工具"绘制其他部分，效果如图2-100所示。

【案例环境展示】实际应用中案例展示效果如图2-101所示。

【效果所在位置】Ch02\效果\绘制扁平化风格的不透明叠加效果图标.psd。

图2-100　　　　　　　　图2-101

01 按Ctrl+N组合键，弹出"新建文档"对话框，将"宽度"设为512像素，"高度"设为512像素，"分辨率"设为72像素/英寸，"背景内容"设为白色，如图2-102所示。单击"创建"按钮，完成文档的创建。

图2-102

02 选择"圆角矩形工具" ▢，在属性栏的"选择工具模式"下拉列表框中选择"形状"选项，将"填充"颜色设为浅蓝色（R:138，G:199，B:205），"半径"选项设为40像素。在图像窗口中适当的位置绘制圆角矩形，如图2-103所示，在"图层"面板中生成新的形状图层"圆角矩形1"。

图2-103

03 选择"窗口 > 属性"命令，弹出"属性"面板，设置如图2-104所示，按Enter键确认操作，效果如图2-105所示。

图2-104

图2-105

04 选择"圆角矩形工具" ▢，在图像窗口中适当的位置绘制圆角矩形。在属性栏中将"填充"颜色设为白色，在"图层"面板中生成新的形状图层"圆角矩形2"。在"属性"面板中进行其他设置，如图2-106所示，按Enter键确认操作，效果如图2-107所示。在"图层"面板中将"不透明度"选项设为40%，按Enter键确认操作，效果如图2-108所示。

图2-106

图2-107　　　　　图2-108

05 选择"矩形工具" ▢，在图像窗口中适当的位置绘制矩形，在属性栏中将"填充"颜色设为灰蓝色（R:119，G:158，B:162），在"图层"面板中生成新的形状图层"矩形1"。在"属性"面板中进行其他设置，如图2-109所示，按Enter键确认操作，效果如图2-110所示。

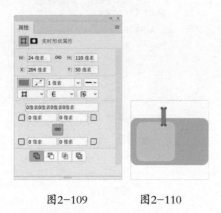

图2-109　　　　图2-110

图2-114

图2-115

06 按Ctrl+T组合键，图形周围出现变换框，将鼠标指针放在变换框的控制手柄右下角，鼠标指针变为旋转图标 ↗。按住Shift键的同时拖曳鼠标将图形旋转到-30°，按Enter键确认操作，效果如图2-111所示。在"图层"面板中将"矩形1"图层拖曳到"圆角矩形1"图层的下方，效果如图2-112所示。用相同的方法制作其他效果，如图2-113所示。

图2-111　　　　图2-112　　　　图2-113

07 选择"圆角矩形2"图层。选择"矩形工具" □，在图像窗口中适当的位置绘制矩形。在属性栏中将"填充"颜色设为白色，在"图层"面板中生成新的形状图层"矩形5"。在"属性"面板中进行其他设置，按Enter键确认操作，如图2-114所示，效果如图2-115所示。

08 选择"路径选择工具" ▶，选择图形，按住Alt+Shift组合键的同时将其垂直向上拖曳到适当的位置，复制图形。在"属性"面板中进行设置，如图2-116所示，按Enter键确认操作，效果如图2-117所示。

图2-116

图2-117

09 选择"圆角矩形工具" □，在图像窗口中适当的位置绘制圆角矩形。在属性栏中将"填充"颜色设为白色，在"图层"面板中生成新的形状图层"圆角矩形3"。在"属性"面板中进行其他设置，如图2-118所示，按Enter键确认操作，效果如图2-119所示。

图2-118

图2-119

10 选择"路径选择工具" ▶，选择图形，按住Alt+Shift组合键的同时将其垂直向上拖曳到适当的位置，复制图形。在"属性"面板中进行设置，如图2-120所示，按Enter键确认操作，效果如图2-121所示。用相同的方法复制图形，按Enter键确认操作，效果如图2-122所示。

11 按Ctrl+T组合键，图形周围出现变换框，将鼠标指针放在变换框的控制手柄右下角，鼠标指针变为旋转图标 ↗。按住Shift键的同时拖曳鼠标将图形旋转到45°，按Enter键确认操作，效果如图2-123所示。

图2-120

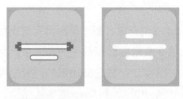

图2-121　　　　　图2-122

图2-123

12 单击"背景"图层左侧的"眼睛"图标 ◉，将图层隐藏，效果如图2-124所示。选择"文件 > 导出 > 存储为Web所用格式..."命令，弹出"存储为Web所用格式"对话框，将图标存储为PNG-8格式。扁平化风格的不透明叠加效果图标绘制完成。

图2-124

2.6 课堂练习

2.6.1 绘制扁平化风格的单色面性图标

【练习学习目标】学会使用不同的图形工具绘制图标。

【练习知识要点】使用"圆角矩形工具"绘制床体，使用"圆角矩形工具"、"矩形工具"和"减去顶层形状"命令绘制其他部分，效果如图2-125所示。

【练习环境展示】实际应用中案例展示效果如图2-126所示。

【效果所在位置】Ch02\效果\绘制扁平化风格的单色面性图标.psd。

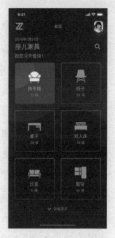

图2-125　　　　　　　图2-126

2.6.2 绘制扁平化风格的微渐变面性图标

【练习学习目标】学会使用不同的图形工具绘制图标。

【练习知识要点】使用"渐变叠加"命令绘制背景，使用"多边形工具"、"圆角矩形工具"、"矩形工具"、"椭圆形工具"、"合并形状"命令和"减去顶层形状"命令绘制其他部分，使用"添加图层蒙版"命令和"画笔工具"擦除不需要的部分，效果如图2-127所示。

【练习环境展示】实际应用中案例展示效果如图2-128所示。

【效果所在位置】Ch02\效果\绘制扁平化风格的微渐变面性图标.psd。

图2-127　　　　　　　图2-128

2.7.1 绘制扁平化风格的光影效果图标

【习题学习目标】学会使用不同的图形工具绘制图标。

【习题知识要点】使用"渐变叠加"命令绘制背景,使用"圆角矩形工具"、"矩形工具"、"椭圆形工具"、"合并形状"命令和"减去顶层形状"命令绘制其他部分,使用"创建剪贴蒙版"命令置入渐变效果,效果如图2-129所示。

【习题环境展示】实际应用中案例展示效果如图2-130所示。

【效果所在位置】Ch02\效果\绘制扁平化风格的光影效果图标.psd。

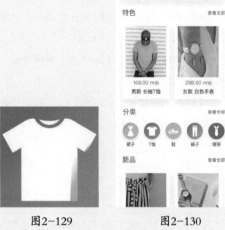

图2-129　　　　　图2-130

2.7.2 绘制扁平化风格的折纸投影图标

【习题学习目标】学会使用不同的图形工具绘制图标。

【习题知识要点】使用"渐变叠加"命令绘制背景,使用"圆角矩形工具"、"矩形工具"、"椭圆形工具"、"减去顶层形状"命令绘制其他部分,使用"创建剪贴蒙版"命令置入渐变效果,效果如图2-131所示。

【习题环境展示】实际应用中案例展示效果如图2-132所示。

【效果所在位置】Ch02\效果\绘制扁平化风格的折纸投影图标.psd。

图2-131　　　　　图2-132

第 *3* 章

App界面设计

本章介绍

界面是UI设计中最重要的部分，也是最终呈现给用户的部分，因此
界面设计是涉及版面布局、颜色搭配等内容的综合性工作。本章将
对App界面的基础知识、设计规范、常用类型及绘制方法进行系统
的讲解与演练。通过对本章的学习，读者可以对App界面设计有一
个基本的认识，并快速掌握App常用界面的设计规范和绘制方法。

学习目标

◆ 了解App的基础知识
◆ 掌握App的设计规范
◆ 认识App常用界面类型

技能目标

◆ 掌握社交类App闪屏页的绘制方法
◆ 掌握社交类App登录页的绘制方法
◆ 掌握社交类App首页的绘制方法
◆ 掌握社交类App筛选页的绘制方法
◆ 掌握社交类App食品详情页的绘制方法
◆ 掌握社交类App购物车页的绘制方法

3.1 App基础知识

本节介绍与App相关的基础知识，主要包括App的概念、App的设计流程及App的设计原则。

3.1.1 App的概念

App是应用程序Application的缩写，一般指智能手机的第三方应用程序，如图3-1所示。用户可以从应用商店下载App，比较常用的应用商店有苹果的App Store、华为应用市场等。应用程序的运行与系统密不可分，目前市场上主要的智能手机操作系统有苹果公司的iOS和谷歌公司的Android。对UI设计师而言，要进行移动界面设计工作，需要分别学习这两大系统的界面设计知识。

图3-1 App界面

3.1.2 App的设计流程

App的设计可以按照分析调研、交互设计、交互自查、界面设计、界面测试、设计验证的流程来进行，如图3-2所示。

图3-2 App的设计流程

1.分析调研

App的设计是根据品牌的调性和产品的定位来进行的，不同应用领域的App，设计风格也会有所区别。因此，我们在设计之前应该先分析产品需求并了解用户特征，再进行相关竞品的调研，从而明确设计方向，如图3-3所示。

图3-3　QQ音乐（左）、网易云音乐（中）、虾米音乐（右）这
3款虽然同是音乐App，但产品定位不同，因此设计风格也有所区别

2.交互设计

交互设计是对整个App设计进行初步构思和流程制定的一个阶段，一般需要进行纸面原型设计、架构设计、流程图设计、线框图设计等具体工作，如图3-4所示。

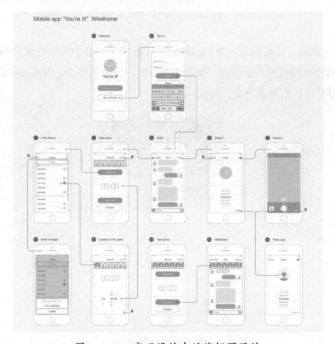

图3-4　App交互设计中的线框图设计

3.交互自查

交互设计完成之后，进行交互自查是整个App设计流程中非常重要的一个阶段，可以在执行界面设计之前检查出是否有遗漏的细节问题，如图3-5所示。

	层次	角度	自查点
☐	信息架构与流程	信息架构	信息架构是否容易理解
☐			信息层级是否清晰
☐			信息分类是否合理
☐			信息视觉流是否流畅
☐		流程设计	用户体验路径是否一致
☐			返回和出口是否符合用户预期
☐			逆向流程的设计是否考虑周全
☐			跳转名称与目的是否一致
☐			是否充分考虑了操作的容错性
☐	界面呈现	控件呈现	控件是否符合用户认知
☐			控件样式是否具有一致性
☐			控件交互行为是否具有一致性
☐			控件的不可用状态如何呈现
☐		数据呈现	空态如何呈现
☐			字数有限制时超限如何处理
☐			无法完整显示的数据如何处理
☐			数据过期如何提示用户
☐			数据按什么规则排序
☐			数值是否要按特定的格式显示
☐			数据是否存在极值
☐		文案呈现	句式是否一致
☐			用词是否一致、准确
☐			文案是否有温度感
☐		输入与选择	是否为用户提供了默认值
☐			输入过程是否提供提示和判断
☐			是否存在不必要的输入
☐			是否指定了键盘类型和键盘引起的页面滚动
☐	交互过程与反馈		是否周全地考虑了所有操作成功的反馈
☐			是否周全地考虑了所有操作失败的反馈
☐			操作过程中是否允许取消
☐			是否设计了必要且合理的动效
☐	特殊情形		角色权限与状态不同会造成哪些差异
☐			是否提供特殊模式

图3-5 交互设计自查表

4.界面设计

原型图审查通过之后，就可以进入界面的视觉设计阶段了，这个阶段的设计图就是产品最终呈现给用户的界面。界面要求设计规范，图片、文字内容真实，并运用墨刀、Principle等软件制作成可交互的高保真原型，以便后续进行界面测试，如图3-6所示。

图3-6 App界面

5.界面测试

界面测试阶段会让具有代表性的用户进行典型操作，设计人员和开发人员在此阶段共同观察、记录。在测试阶段可以对界面设计的相关细节进行调整，如图3-7所示。

图3-7　App界面细节调整

6.设计验证

设计验证是设计流程的最后一个阶段，是为App界面进行优化的重要支撑。在产品正式上线后，对用户的数据反馈进行记录，验证前期的设计，并继续优化，如图3-8所示。

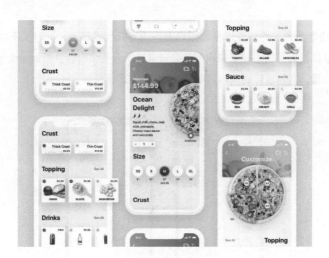

图3-8　App界面优化

3.1.3　App的设计原则

在进行App设计时，需要遵循iOS和Android系统的设计规范，因此可以根据iOS的设计原则及Android系统下Material Design语言中的设计原则进行设计。

1.iOS设计原则

iOS设计有清晰、遵从、深度三大原则。

（1）清晰

在整个系统中，文字在各种尺寸的屏幕上都要清晰易读，图标精确而清晰，装饰精巧且恰当，令用户更易理解功能。利用负空间、颜色、字体、图形等界面元素巧妙地突出重要内容，并传达交互性，如图3-9所示。

图3-9 各界面元素经过精心设计后，巧妙地突出重要内容

（2）遵从

流畅的动画和清晰美观的界面可以帮助用户理解内容并与之互动，同时又不会干扰用户的使用。内容一般填满整个屏幕，而半透明效果和模糊效果通常暗示有更多内容。最低限度地使用边框、渐变和阴影可使界面显得轻盈，同时也能确保内容明显，如图3-10所示。

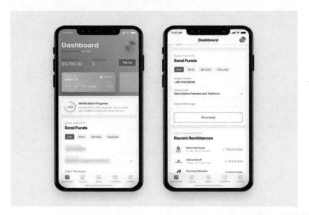

图3-10 位于左侧App界面中橙色渐变银行卡旁边的蓝色卡呈现半透明效果，暗示用户可以滑动查看更多内容。两个App界面的渐变、边框及阴影都不是很明显，使界面显得非常轻盈

（3）深度

独特的视觉层级和真实的动画效果可赋予界面活力，且有助于用户理解界面的各项功能。用户通

过探索和发现界面中的各项功能，不仅能了解功能，还能获得使用乐趣。浏览内容时，层级过渡可使界面显得更有深度，如图3-11所示。

图3-11　使用层级过渡

2.Material Design设计原则

Material Design语言有材质隐喻、大胆夸张、动效表意、灵活、跨平台五大设计原则。

（1）材质隐喻

Material Design语言的灵感来自物理世界及其纹理，包括它们如何反射光线和投射阴影。它对材料表面进行了重新构想，加入了纸张和墨水的特性，如图3-12所示。

（2）大胆夸张

Material Design语言以印刷设计中的排版、网格、空间、比例、颜色和图像等为指导，创造视觉层次、视觉意义及视觉焦点，使用户沉浸其中，如图3-13所示。

图3-12　材质隐喻

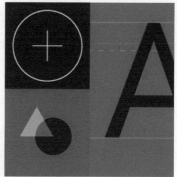

图3-13　大胆夸张

（3）动效表意

通过巧妙的反馈和平滑的过渡使动效保持连续性。当元素出现在屏幕上时，它们在环境中转换或重组，相互作用并产生新的变化，如图3-14所示。

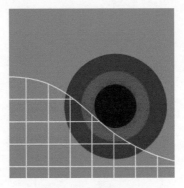

图3-14 动效表意

（4）灵活

Material Design语言旨在实现品牌表达，它集成了一个自定义代码库，可以使组件、插件和设计元素无缝地衔接并灵活地运行，如图3-15所示。

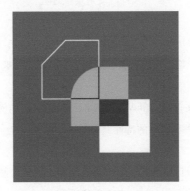

图3-15 灵活

（5）跨平台

Material Design语言使用包括Android、iOS、Flutter和Web的共享组件跨平台管理，如图3-16所示。

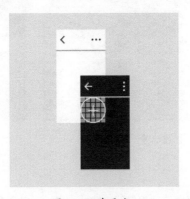

图3-16 跨平台

3.2　App的设计规范

App的设计规范可以从尺寸、结构、布局及文字4个方面进行详尽的剖析。

3.2.1　App设计的尺寸

App设计的尺寸可以分为iOS及Android两个系统进行讲解。

1.iOS单位及尺寸

（1）相关单位

ppi 像素密度（pixels per inch，ppi）是屏幕分辨率的单位，表示每英寸所拥有的像素数量，如图3-17所示。像素密度越大，画面越细腻。例如，iPhone 4与iPhone 3GS的屏幕尺寸虽然相同，但iPhone 4的实际像素多了一倍，清晰度自然更高。

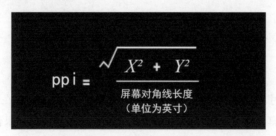

图3-17　ppi的计算公式（X、Y分别为横向、纵向的像素数）

Asset 比例因子。标准分辨率显示器具有1∶1的像素密度，用@1x表示，其中一个像素等于一个点。高分辨率显示器具有更高的像素密度，比例因子为2或3，分别用@2x和@3x表示，如图3-18所示。因此，高分辨率显示器需要具有更多高分辨率的图像。

图3-18　一个10px×10px的标准分辨率（@1x）图像，
该图像的@ 2x版本为20px×20px，@ 3x版本为30px×30px

逻辑像素和物理像素 逻辑像素（logical pixel），单位为"点"（points，pt），是根据内容尺寸计算的单位。iOS开发工程师和使用Sketch设计界面的UI设计师使用的单位都是pt。物理像素（physical pixel），单位为"像素"（pixels，px），是按照像素格计算的单位，也就是移动设备的实际像素。使用Photoshop设计界面的UI设计师使用的单位都是px。

例如，iPhone X/XS/11 Pro的逻辑像素是375pt×812pt，由于视网膜屏像素密度增加，即1pt=3px，因此iPhone X/XS/11 Pro的物理像素是1125px×2436px，如图3-19所示。

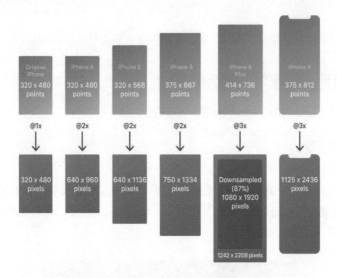

图3-19 逻辑像素与物理像素的转换

（2）设计尺寸

iOS常见设备的尺寸如图3-20所示，设计标准尺寸如图3-21所示。在进行界面设计时，为了一稿适配多种尺寸的屏幕，都是以iPhone6/6s/7/8为基准进行设计的。如果使用Photoshop，就创建750px×1334px尺寸的画布；如果使用Sketch，就创建375pt×667pt尺寸的画布。

设备名称	屏幕尺寸/inch	ppi	Asset	竖屏点/pt	竖屏分辨率/px
iPhone XS Max	6.5	458	@3x	414 x 896	1242 x 2688
iPhone XS	5.8	458	@3x	375 x 812	1125 x 2436
iPhone XR	6.1	326	@2x	414 x 896	828 x 1792
iPhone X	5.8	458	@3x	375 x 812	1125 x 2436
iPhone 8 **Plus**, 7 **Plus**, 6s **Plus**, 6+	5.5	401	@3x	414 x 736	1242 x 2208
iPhone 8, 7, 6s, 6	4.7	326	@2x	375 x 667	750 x 1334
iPhone SE, 5, 5S, 5C	4.0	326	@2x	320 x 568	640 x 1136
iPhone 4, 4S	3.5	326	@2x	320 x 480	640 x 960
iPhone 1, 3G, 3GS	3.5	163	@1x	320 x 480	320 x 480
iPad Pro 12.9	12.9	264	@2x	1024 x 1366	2048 x 2732
iPad Pro 10.5	10.5	264	@2x	834 x 1112	1668 x 2224
iPad Pro, iPad Air 2, Retina iPad	9.7	264	@2x	768 x 1024	1536 x 2048
iPad Mini 4, iPad Mini 2	7.9	326	@2x	768 x 1024	1536 x 2048
iPad 1, 2	9.7	132	@1x	768 x 1024	768 x 1024

图3-20 iOS常见设备的尺寸

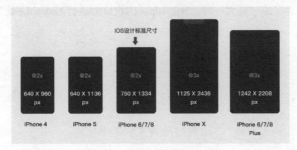

图3-21 iOS设计标准尺寸

2.Android系统单位及尺寸

（1）相关单位

dpi 网点密度（dot per inch，dpi）是打印分辨率的单位，表示每英寸打印的点数。dpi在移动设备上等同于ppi，表示每英寸所拥有的像素数量，如图3-22所示。通常ppi代表iOS手机，dpi代表Android系统手机。

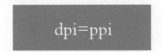

图3-22 dpi等同于ppi

独立密度像素与独立缩放像素 独立密度像素（density-independent pixels，dp）是Android设备上的基本单位，等同于苹果设备上的pt。Android设备开发工程师使用的单位是dp，所以UI设计师进行标注时应将px转化成dp，公式为dp × ppi ÷ 160 = px。当设备的dpi值是320时，通过公式可得出1dp=2px，如图3-23所示（类似iPhone 6/7/8的高清屏）。

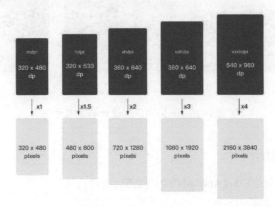

图3-23 dp与px的转换

独立缩放像素（scale-independent pixels，sp）是Android设备上的字体单位。Android平台允许用户自定义文字大小（包括小、正常、大、超大等），当文字尺寸是"正常"状态时，1sp=1dp，如图3-24

所示。当文字尺寸是"大"或"超大"时，1sp>1dp。UI设计师进行Android系统界面的设计时，标记字体的单位选用sp。

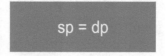

图3-24 sp等同于dp

（2）设计尺寸

Android系统常见的设备尺寸如图3-25所示，设计标准尺寸如图3-26所示。在进行界面设计时，如果想要一稿适配Android系统和iOS，可以使用Photoshop新建720px×1280px尺寸的画布。如果是根据Material Design新规范单独设计Android系统的设计稿，就使用Photoshop新建1080px×1920px尺寸的画布。无论哪种需求，使用Sketch都只需建立360dp×640dp尺寸的画布即可。

名称	分辨率/px	dpi	像素比
xxxhdpi	2160 x 3840	640	4.0
xxhdpi	1080 x 1920	480	3.0
xhdpi	720 x 1280	320	2.0
hdpi	480 x 800	240	1.5
mdpi	320 x 480	160	1.0

图3-25 Android系统常见的设备尺寸

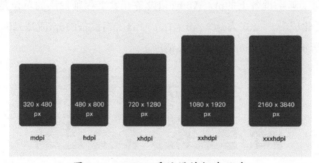

图3-26 Android系统设计标准尺寸

3.2.2 App设计的结构

App设计的结构可以分为iOS及Android两个系统进行讲解。

1.iOS界面结构

iOS界面主要由状态栏、导航栏、标签栏组成，其结构如图3-27和图3-28所示。

2.Android系统界面结构

Android系统界面主要由状态栏、导航栏、顶部应用栏组成，其结构如图3-29所示。

设备	尺寸	分辨率	状态栏高度	导航栏高度	标签栏高度
iPhone XS Max	1242 px × 2688 px	458 ppi	--	--	--
iPhone X	1125 px × 2436 px	458 ppi	88 px	176 px	--
iPhone 6 Plus、6s Plus、7 Plus、8 Plus	1242 px × 2208 px	401 ppi	60 px	132 px	146 px
iPhone 6、6s、7	750 px × 1334 px	326 ppi	40 px	88 px	98 px
iPhone 5、5c、5s	640 px × 1136 px	326 ppi	40 px	88 px	98 px
iPhone 4、4s	640 px × 960 px	326 ppi	40 px	88 px	98 px
iPhone &iPod Touch第一代、第二代、第三代	320 px × 480 px	163 ppi	20 px	44 px	49 px

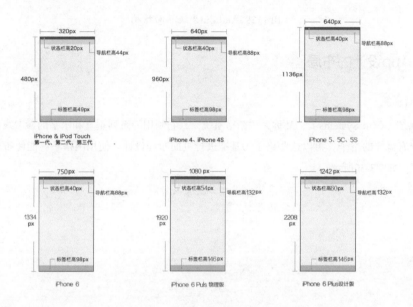

图3-27 iOS手机端界面结构

设备	尺寸	分辨率	状态栏高度	导航栏高度	标签栏高度
iPad第三代至第六代，以及 Air、Air2、Mini2	2048 px × 1536 px	264 ppi	40 px	88 px	98 px
iPad第一代、第二代	1024 px × 768 px	132 ppi	20 px	44 px	49 px
iPad Mini	1024 px × 768 px	163 ppi	20 px	44 px	49 px

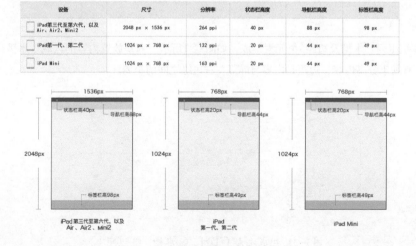

图3-28 iPad界面结构

资源获取验证码: 01687

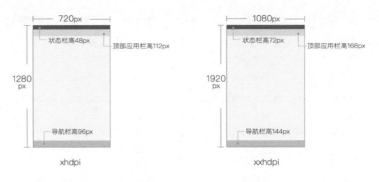

图3-29 Android系统界面结构

3.2.3 App设计的布局

1.网格系统

网格系统（Grid Systems），又称为"栅格系统"，它利用一系列垂直和水平的参考线，将页面分割成若干个有规律的格子，再以这些格子为基准进行页面布局设计。使用网格系统能使布局规范、简洁、有秩序，如图3-30所示。

图3-30 网格系统

2.组成元素

网格系统由列、水槽及边距3个元素组成，如图3-31所示。列是放置内容的区域；水槽是列与列之间的距离，有助于分离内容；边距是内容与屏幕左右边缘之间的距离。

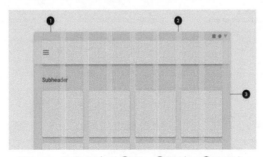

图3-31 组成元素（①列、②水槽、③边距）

3.网格的运用

单元格 iOS的最小点击区域是44pt，Android系统的最小点击区域是48dp，因此能被整除的偶数4和8作为最小单元格比较合适，而4容易将页面切割得过于细碎，所以推荐使用8，如图3-32所示。

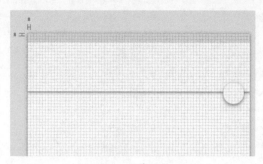

图3-32 单元格

列 列的数量有4、6、8、10、12、24这几种情况。其中4列通常在2等分的简洁页面中使用，6列、12列和24列基本满足所有等分情况，但24列将页面切割得太碎，因此实际使用还是以12列和6列为主，如图3-33所示。

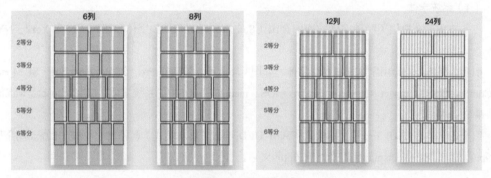

图3-33 列的使用

水槽 水槽、边距及横向间距可以以最小单元格8为增量进行统一设置，以iOS中的@2x设计为基准，水槽有16px、24px、32px，其中32px最为常用，如图3-34所示。

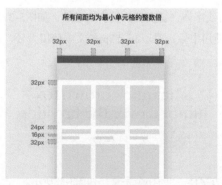

图3-34 水槽

边距 边距的宽度与水槽有所区别，以iOS中的@2x为基准，常见的边距有20px、24px、30px、32px、40px及50px。边距的选择应结合产品本身的气质，其中30px是最为舒适的边距，也是绝大多数App首选的边距，如图3-35所示。

10:34
设置
飞行模式
无线局域网
CMCC-4Tky
蓝牙
未连接
蜂窝移动网络
个人热点
关闭
VPN
10:35
设置
通用
关于本机
软件更新
隔空投送
接力
CarPlay 车载

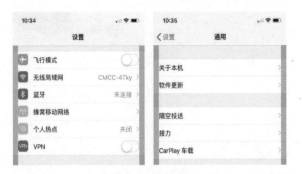

图3-35 iOS中的设置页面及通用页面都采用了30px的边距

3.2.4 App设计的文字

1.iOS文字

（1）系统字体

英文 iOS英文提供了两种字体，即旧金山（San Francisco ，SF)字体和纽约（New York，NY）字体。

旧金山字体：旧金山字体是非衬线字体，如图3-36所示，包括SF Pro，SF Pro Rounded，SF Mono，SF Compact和SF Compact Rounded。SF Pro是iOS、macOS和tvOS中的系统字体，SF Compact是watchOS中的系统字体。

旧金山字体有SF UI Text（文本模式）和SF UI Display（展示模式）两种尺寸。SF UI Text适用于小于19pt的文字，SF UI Display适用于大于20pt的文字。

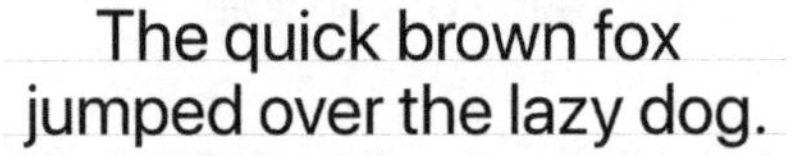

The quick brown fox
jumped over the lazy dog.

图3-36

纽约字体：纽约字体是衬线字体，旨在补充旧金山字体，如图3-37所示。对于小于20pt的文本使用小号，对于20~35pt的文本使用中号，对于36~53pt的文本使用大号，对于54pt或更大的文本使用特大号。

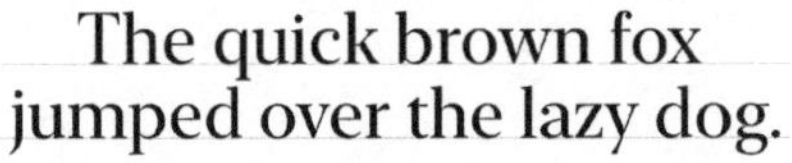

The quick brown fox
jumped over the lazy dog.

图3-37

中文 iOS中文使用的是苹方字体，共有6个字重，如图3-38所示。

极细纤细细体正常中黑中粗
UILiThinLightRegMedSmBd

图3-38

（2）字号大小

iOS设计时要注意字号大小，如图3-39和图3-40所示。苹果官网的建议全部是针对英文旧金山字体而言的，中文字体需要UI设计师灵活运用，以最终呈现效果的实用性和美观度为基准进行调整。其中10pt（@2x为20px）是手机上可显示的最小字体，一般位于标签栏的图标底部。为了区分标题和正文，字体大小差异至少保持在4px(2pt@2x)，正文的合适行间距为所采用字号的1.5~2倍。

位置	字体	字重	字号（逻辑像素）	字号（实际像素）	行距	字间距
大标题	San Francisco（简称"SF"）	Regular	34pt	68px	41pt	+11em
标题一	San Francisco（简称"SF"）	Regular	28pt	56px	34pt	+13em
标题二	San Francisco（简称"SF"）	Regular	22pt	44px	28pt	+16em
标题三	San Francisco（简称"SF"）	Regular	20pt	40px	25pt	+19em
头条	San Francisco（简称"SF"）	Semi-Bold	17pt	34px	22px	−24em
正文	San Francisco（简称"SF"）	Regular	17pt	34px	22px	−24em
标注	San Francisco（简称"SF"）	Regular	16pt	32px	21px	−20em
副标题	San Francisco（简称"SF"）	Regular	15pt	30px	20px	−16em
注解	San Francisco（简称"SF"）	Regular	13pt	26px	18px	−6em
注释一	San Francisco（简称"SF"）	Regular	12pt	24px	16px	0em
注释二	San Francisco（简称"SF"）	Regular	11pt	22px	13px	+6em

图3-39 iOS对App的字体建议（基于@2x）

图3-40 基于@2x即iPhone 6/7/8App界面中的字号

2.Android系统文字

（1）系统字体

Android系统英文使用的是Roboto字体，共有6种字重。中文使用的是思源黑体，又称为Source Han Sans或Noto，共有7种字重，如图3-41所示。

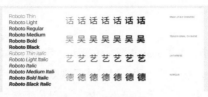

图3-41 思源黑体

（2）字号大小

Android系统设计时要注意字号的大小，如图3-42所示。

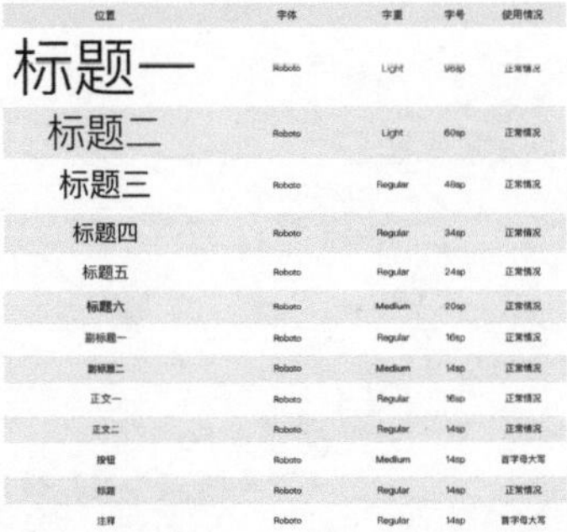

位置	字体	字重	字号	使用情况
标题一	Roboto	Light	96sp	正常情况
标题二	Roboto	Light	60sp	正常情况
标题三	Roboto	Regular	48sp	正常情况
标题四	Roboto	Regular	34sp	正常情况
标题五	Roboto	Regular	24sp	正常情况
标题六	Roboto	Medium	20sp	正常情况
副标题一	Roboto	Regular	16sp	正常情况
副标题二	Roboto	Medium	14sp	正常情况
正文一	Roboto	Regular	16sp	正常情况
正文二	Roboto	Regular	14sp	正常情况
按钮	Roboto	Medium	14sp	首字母大写
标题	Roboto	Regular	14sp	正常情况
注释	Roboto	Regular	14sp	首字母大写

图3-42 Android系统App的字体建议

Android系统各元素以720px×1280px为基准设计，可以与iOS对应，其常见的字号大小为24px、26px、28px、30px、32px、34px、36px等，最小字号为20px，如图3-43所示。

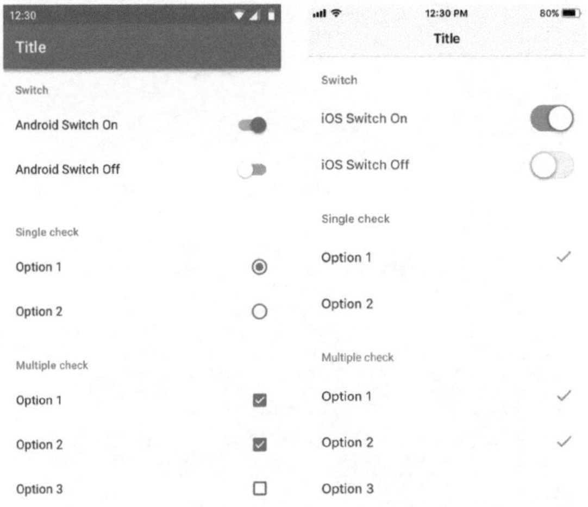

图3-43 Android系统（左）与iOS（右）对应界面

3.3 App常用界面类型

　　界面设计是产品用户体验里非常重要的一环。在App中，常用界面类型为闪屏页、引导页、首页、个人中心页、详情页及注册登录页。

3.3.1 闪屏页

　　闪屏页又称为"启动页"，是用户点击App应用图标后，最先加载的一张图片。闪屏页关系到用户对App的第一印象，是情感化设计的重要组成部分，其设计类型可以细分为品牌推广型、活动广告型、节日关怀型等。

1.品牌推广型

　　品牌推广型闪屏页是为了表现产品品牌而设定的，基本采用"产品Logo+产品名称+宣传语"的简洁化设计形式，如图3-44所示。

图3-44 1号店（左）、闲鱼（中）和蚂蚁财富（右）的品牌推广型闪屏页

2.活动广告型

　　活动广告型闪屏页是为了推广活动或广告而设定的，通常将推广的内容直接设计在闪屏页内。其多采用插画和海报的设计形式，常用暖色营造热闹的氛围，如图3-45和图3-46所示。

图3-45 百度网盘（左）、百度浏览器（中）和知乎（右）的活动广告型闪屏页

图3-46 "双11"（左）、国庆（中）和"双12"（右）的活动广告型闪屏页

3.节日关怀型

节日关怀型闪屏页是为了营造节假日氛围，同时凸显产品品牌而设定的。其多采用"产品Logo+内容插画"的设计形式，使用户感受到节日的关怀与祝福，如图3-47和图3-48所示。

图3-47 闲鱼（左）、美图秀秀（中）和口袋兼职（右）的节日关怀型闪屏页

图3-48 百度钱包（左）、QQ音乐（中）和QQ浏览器（右）的节日关怀型闪屏页

3.3.2 引导页

引导页是用户第一次打开或经过更新后打开App看到的一组图片，通常由3~5页组成。在使用App之前，引导页起到了提前帮助用户快速了解App的主要功能和特点的作用，其设计类型可以细分为功能说明型、产品推广型、搞笑卖萌型等。

1.功能说明型

功能说明型引导页是最基础的一种，主要对产品的新功能进行展示，常用于App重大版本更新后。

其多采用插图的设计形式，可以在短时间内达到吸引用户的效果，如图3-49所示。

图3-49　高德地图App的功能说明型引导页

2.产品推广型

产品推广型引导页是要表达App的价值，让用户更了解这款App的情怀。其多采用与企业形象和产品风格一致的生动化、形象化的设计形式，让用户看到画面的精美，如图3-50所示。

图3-50　京东商城App的产品推广型引导页

3.搞笑卖萌型

搞笑卖萌型引导页的设计难度是比较高的，主要是站在用户的角度介绍App的特点。其多采用拟人的夸张形象设计及丰富的交互动画，让用户有一种身临其境的感觉，如图3-51所示。

图3-51　最右App的搞笑卖萌型引导页

3.3.3 首页

首页又称为"起始页"，是用户使用App的第一页。首页承担着流量分发的任务，是展现产品气质的关键页面，可以细分为列表型、网格型、卡片型、综合型。

1.列表型

列表型首页将同级别的模块进行分类展示，常用于以数据展示、文字阅读等为主的App。其采用单一的设计形式，方便用户浏览，如图3-52所示。

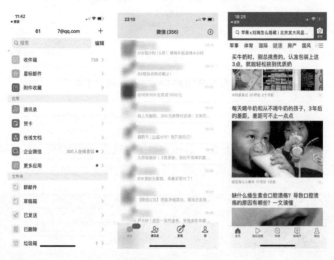

图3-52 列表型首页

2.网格型

网格型首页将重要的功能以矩形模块的形式进行展示，常用于工具类App。其采用统一矩形模块的设计形式，以鼓励用户点击浏览，如图3-53所示。

图3-53 网格型首页

3.卡片型

卡片型首页将图片、文字、控件放置于同一张卡片中，再将卡片进行分类展示，常用于数据展示、文字阅读、工具使用等类型的App。其采用统一的卡片设计形式，不仅让用户一目了然，更能加强用户对产品内容的点击欲望，如图3-54所示。

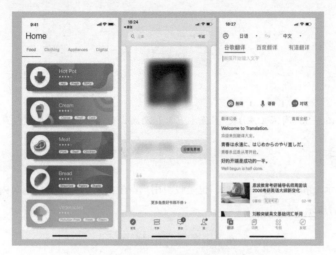

图3-54　卡片型首页

4.综合型

综合型首页是由搜索栏、Banner、金刚区、瓷片区（专指App页面中各板块拼接在一起形成的运营位）及标签栏等组成的，运用范围较广，常用于电商类、教育类、旅游类等App。其采用丰富的设计形式，能满足用户的需求，如图3-55所示。

图3-55　综合型首页

3.3.4　个人中心页

个人中心页是用于展示用户个人信息的页面，主要由头像和信息内容组成。个人中心页有时也会以抽屉打开的形式出现，如图3-56所示。

图3-56 淘宝（左）、闲鱼（中）和滴滴出行（右）的个人中心页

3.3.5 详情页

详情页用于展示App的产品详细信息，也是吸引用户产生消费的页面。详情页内容较丰富，以图文信息为主，如图3-57所示。

图3-57 淘宝（左）、途牛（中）和36氪（右）的详情页

3.3.6 注册登录页

注册登录页是电商类、社交类等功能丰富型App必备的页面，其设计直观、简洁，并且提供第三方账号登录，如图3-58所示。

图3-58 Done（左）、智联招聘（中）和36氪（右）注册登录页

3.4 课堂案例——制作Delicacy App界面

【**案例学习目标**】学会使用不同的绘制工具绘制图形，能为图形添加特殊效果，并能应用"移动工具"移动装饰图片来制作App界面。

【**案例知识要点**】使用"移动工具"移动素材，使用"椭圆工具"和"圆角矩形工具"绘制图形，使用"投影"命令和"渐变叠加"命令为图形添加特殊效果，使用"置入嵌入对象"命令置入图片，使用"创建剪贴蒙版"命令调整图片的显示区域，使用"横排文字工具"输入文字，效果如图3-59所示。

【**效果所在位置**】Ch03\效果\制作Delicacy App界面。

图3-59

1. 制作Delicacy App闪屏页

01 按Ctrl+N组合键，弹出"新建文档"对话框，将"宽度"设为750像素，"高度"设为1334像素，"分辨率"设为72像素/英寸，"背景内容"设为深粉色（R:245，G:45，B:86），如图3-60所示，单击"创建"按钮，完成文档的创建。

02 按Ctrl+R组合键，显示标尺，在标尺上单击鼠标右键，将单位设为"像素"。选择"视图 > 新建参考线版面"命令，弹出"新建参考线版面"对话框，设置如图3-61所示。单击"确定"按钮，完成参考线的创建，效果如图3-62所示。

图3-60

图3-61　　　　　　　图3-62

03 选择"文件 > 置入嵌入对象"命令，弹出"置入嵌入的对象"对话框，选择学习资源中的"Ch03 > 素材 > 制作Delicacy App 界面> 制作Delicacy App 闪屏页 > 01"文件，单击"置入"按钮，将图片置入图像窗口中。将其拖曳到适当的位置，按Enter键确认操作，效果如图3-63所示，在"图层"面板中

生成新的图层并将其命名为"状态栏"。

04 选择"圆角矩形工具" ◻ ，在属性栏的"选择工具模式"下拉列表框中选择"形状"选项，将"填充"颜色设为白色，"描边"颜色设为无，"半径"选项设为40像素。按住Shift键的同时在图像窗口中适当的位置绘制圆角矩形，如图3-64所示，在"图层"面板中生成新的形状图层"圆角矩形1"。

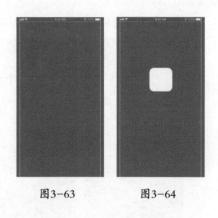

图3-63　　　　　　　图3-64

05 选择"椭圆工具" ◯ ，按住Shift键的同时在图像窗口中适当的位置绘制圆形，在"图层"面板中生成新的形状图层"椭圆1"。在属性栏中将"填充"颜色设为深粉色（R:245，G:45，B:86），"描边"颜色设为无，效果如图3-65所示。

图3-65

06 选择"多边形工具" ◯ ，在属性栏中将"边"选项设为3。在图像窗口中适当的位置绘制三角形，在"图层"面板中生成新的形状图层"多边形1"。在属性栏中将"填充"颜色设为深粉色（R:245，G:45，B:86），"描边"颜色设为无，效果如图3-66所示。

图3-66

07 按Ctrl＋O组合键，打开学习资源中的"Ch03＞素材＞制作Delicacy App界面＞制作Delicacy App闪屏页＞02"文件，选择"移动工具" ⊕，将"logo"图形拖曳到适当的位置并调整大小，效果如图3-67所示，在"图层"面板中生成新的形状图层。

图3-67

08 选择"横排文字工具" T，在距离上方图形52像素的位置输入需要的文字。选择文字，在属性栏中设置合适的字体和适当的大小，将文字颜色设为白色，效果如图3-68所示，在"图层"面板中生成新的文字图层。

图3-68

09 按住Shift键的同时单击"圆角矩形 1"图

层，再将需要的图层同时选中。按Ctrl＋G组合键，群组图层并将其命名为"logo"，如图3-69所示。

图3-69

10 按Ctrl＋S组合键，弹出"另存为"对话框，将其命名为"制作Delicacy App闪屏页"，保存为PSD格式。单击"保存"按钮，弹出"Photoshop格式选项"对话框，单击"确定"按钮，将文件保存。Delicacy App闪屏页制作完成。

2. 制作Delicacy App登录页

01 按Ctrl＋N组合键，弹出"新建文档"对话框，将"宽度"设为750像素，"高度"设为1334像素，"分辨率"设为72像素/英寸，"背景内容"设为白色，如图3-70所示，单击"创建"按钮，完成文档的创建。

图3-70

02 选择"视图 > 新建参考线版面"命令，弹出"新建参考线版面"对话框，设置如图3-71所示。单击"确定"按钮，完成参考线的创建，效果如图3-72所示。

图3-71　　　　　　　　　图3-72

03 选择"文件 > 置入嵌入对象"命令，弹出"置入嵌入的对象"对话框，选择学习资源中的"Ch03 > 素材 > 制作Delicacy App 界面> 制作Delicacy App登录页 > 02"文件，单击"置入"按钮，将图片置入图像窗口中。将其拖曳到适当的位置并调整大小，按Enter键确认操作，效果如图3-73所示，在"图层"面板中生成新的图层并将其命名为"底图"。

图3-73

04 单击"图层"面板下方的"添加图层样式"按钮 fx，在弹出的菜单中选择"渐变叠加"命令，

弹出"图层样式"对话框，单击"渐变"选项右侧的"点按可编辑渐变"下拉列表框，弹出"渐变编辑器"对话框。单击色标，在"位置"选项中分别输入0、50、100这3个位置点，设置3个位置点颜色的RGB值均为（0、0、0），如图3-74所示。在色带的上方单击添加不透明度色标，在"位置"选项中输入50，分别将3个位置点的"不透明度"选项设为90、70、100，如图3-75所示。单击"确定"按钮，返回到"图层样式"对话框，其他选项的设置如图3-76所示，单击"确定"按钮，效果如图3-77所示。

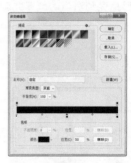

图3-74

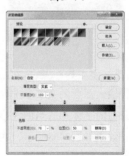

图3-75

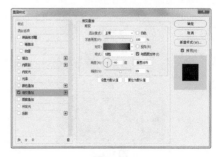

图3-76

05 选择"文件 > 置入嵌入对象"命令，弹出

"置入嵌入的对象"对话框，选择学习资源中的"Ch03 > 素材 > 制作Delicacy App 界面> 制作 Delicacy App登录页 > 01"文件，单击"置入"按钮，将图片置入图像窗口中。将其拖曳到适当的位置，按Enter键确认操作，效果如图3-78所示，在"图层"面板中生成新的图层并将其命名为"状态栏"。

图3-80　　　　　　　　图3-81

图3-77　　　　　　　　图3-78

06 选择"视图 > 新建参考线版面"命令，弹出"新建参考线版面"对话框，设置如图3-79所示。单击"确定"按钮，完成参考线的创建，效果如图3-80所示。

07 选择"视图 > 新建参考线"命令，弹出"新建参考线"对话框，在246像素的位置建立水平参考线，设置如图3-81所示。单击"确定"按钮，完成参考线的创建。

08 选择"横排文字工具" T ，在距离上方参考线206像素的位置输入需要的文字。选择文字，选择"窗口 > 字符"命令，打开"字符"面板，将"颜色"设为白色，其他选项的设置如图3-82所示，按Enter键确认操作。使用相同的方法再次在适当的位置分别输入文字，在"字符"面板中的设置如图3-83所示。按Enter键确认操作，效果如图3-84所示，在"图层"面板中分别生成新的文字图层。

图3-82

图3-79

图3-83

图3-84

09 选择"直线工具" ✏️ ，在属性栏的"选择工具模式"下拉列表框中选择"形状"选项，将"填充"颜色设为无，"描边"颜色设为白色，"粗细"选项设为1像素。按住Shift键的同时在距离上方文字28像素的位置绘制直线，如图3-85所示，在"图层"面板中生成新的形状图层"形状1"。

图3-85

10 按住Shift键的同时单击"用户名"图层，再将需要的图层同时选中。按Ctrl+G组合键，群组图层并将其命名为"用户名"。用相同的方法制作"密码"图层组，如图3-86所示，效果如图3-87所示。

图3-86

图3-87

11 选择"视图 > 新建参考线"命令，弹出"新建参考线"对话框，在834像素的位置建立水平参考线，设置如图3-88所示。单击"确定"按钮，完成参考线的创建。

12 选择"圆角矩形工具" ⬜ ，在属性栏中将"填充"颜色设为深粉色（R:245，G:45，B:86），"描边"颜色设为无，"半径"选项设为8像素。在距离上方参考线114像素的位置绘制圆角矩形，效果如图3-89所示，在"图层"面板中生成新的形状图层"圆角矩形1"。

图3-88

图3-89

13 选择"横排文字工具" T ，在适当的位置输入需要的文字。选择文字，在"字符"面板中，将"颜色"设为白色，其他选项的设置如图3-90所示。按Enter键确认操作，效果如图3-91所示，在"图层"面板中生成新的文字图层。

图3-90

图3-91

14 按住Shift键的同时单击"圆角矩形1"图层，再将需要的图层同时选中。按Ctrl+G组合键，群组图层并将其命名为"登录按钮"，如图3-92所示。

15 选择"椭圆工具" ⬭ ，在属性栏中将"填充"颜色设为浅蓝色（R:38，G:114，B:203），"描边"颜色设为无。按住Shift键的同时在距离上方参考线36像素的位置绘制圆形，如图3-93所示，在"图层"面板中生成新的形状图层"椭圆1"。

图3-92

16 按Ctrl+O组合键，打开学习资源中的"Ch03 > 素材 > 制作Delicacy App界面 > 制作Delicacy App登录页 > 03"文件，选择"移动工具" ⊕，将"QQ"图形拖曳到适当的位置，效果如图3-94所示，在"图层"面板中生成新的形状图层。

图3-93　　　　　　图3-94

17 使用上述的方法制作图3-95所示的效果，在"图层"面板中分别生成新的形状图层。

图3-95

18 按住Shift键的同时单击"椭圆1"图层，再将需要的图层同时选中。按Ctrl+G组合键，群组图层并将其命名为"第三方登录按钮"，如图3-96所示。

19 选择"视图 > 新建参考线"命令，弹出"新建参考线"对话框，在1026像素的位置建立水平参考线，设置如图3-97所示。单击"确定"按钮，完成参考线的创建。

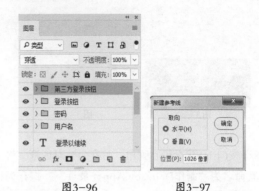

图3-96　　　　　　图3-97

20 选择"横排文字工具" T，在适当的位置输入需要的文字。选择文字，在"字符"面板中，将"颜色"设为白色，其他选项的设置如图3-98所示。按Enter键确认操作，效果如图3-99所示，在"图层"面板中生成新的文字图层。

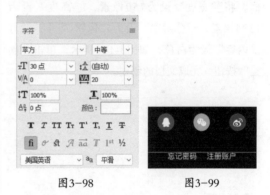

图3-98　　　　　　图3-99

21 选择"直线工具" ╱，在属性栏中将"填充"颜色设为无，"描边"颜色设为白色，"粗细"选项设为1像素。按住Shift键的同时在适当的位置绘制直线，如图3-100所示，在"图层"面板中生成新的形状图层"形状2"。

22 按住Shift键的同时单击"欢迎回来"图层，再将需要的图层同时选中。按Ctrl+G组合键，群组图层并将其命名为"内容区"，如图3-101所示。

图3-100

图3-101

图3-103

图3-104

23 按Ctrl+S组合键，弹出"另存为"对话框，将其命名为"制作Delicacy App登录页"，保存为PSD格式。单击"保存"按钮，弹出"Photoshop格式选项"对话框，单击"确定"按钮，将文件保存。Delicacy App登录页制作完成。

3. 制作Delicacy App首页

01 按Ctrl+N组合键，弹出"新建文档"对话框，将"宽度"设为750像素，"高度"设为1334像素，"分辨率"设为72像素/英寸，"背景内容"设为白色，如图3-102所示，单击"创建"按钮，完成文档的创建。

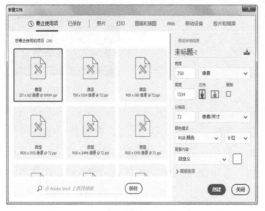

图3-102

02 选择"视图 > 新建参考线版面"命令，弹出"新建参考线版面"对话框，设置如图3-103所示。单击"确定"按钮，完成参考线的创建，效果如图3-104所示。

03 选择"矩形工具"，在属性栏的"选择工具模式"下拉列表框中选择"形状"选项，将"填充"颜色设为深粉色（R:245，G:45，B:86），"描边"颜色设为无。在适当的位置绘制矩形，如图3-105所示，在"图层"面板中生成新的形状图层"矩形1"。

图3-105

04 选择"文件 > 置入嵌入对象"命令，弹出"置入嵌入的对象"对话框，选择学习资源中的"Ch03 > 素材 > 制作Delicacy App 界面> 制作Delicacy App首页 > 01"文件，单击"置入"按钮，将图片置入图像窗口中。将其拖曳到适当的位置，按Enter键确认操作，在"图层"面板中生成新的图层并将其命名为"状态栏"，效果如图3-106所示。

05 选择"横排文字工具" T.，在距离上方参考线60像素的位置输入需要的文字。选择文字，选择"窗口 > 字符"命令，弹出"字符"面板，将"颜色"设为白色，其他选项的设置如图3-107所示，按 Enter 键确认操作。使用相同的方法在距离上方参考线74像素的位置输入文字，在"字符"面板中的设置如图3-108所示。按 Enter 键确认操作，效果如图3-109所示，在"图层"面板中分别生成新的文字图层。

图3-106　　　　　　　　图3-107

图3-108　　　　　　　　图3-109

06 选择"圆角矩形工具" ▢.，在属性栏中将"填充"颜色设为米白色（R:248，G:248，B:248），"描边"颜色设为无，"半径"选项设为8像素。在距离上方文字30像素的位置绘制圆角矩形，如图3-110所示，在"图层"面板中生成新的形状图层"圆角矩形1"。

图3-110

07 按Ctrl+O组合键，打开学习资源中的"Ch03 > 素材 > 制作Delicacy App 界面> 制作Delicacy App 首页 > 02"文件，选择"移动工具" ✛.，将"搜索"图形拖曳到适当的位置，效果如图3-111所示，在"图层"面板中生成新的形状图层。

图3-111

08 选择"横排文字工具" T.，在适当的位置输入需要的文字。选择文字，在"字符"面板中，将"颜色"设为灰色（R:193，G:192，B:201），其他选项的设置如图3-112所示。按Enter键确认操作，效果如图3-113所示，在"图层"面板中生成新的文字图层。

图3-112

图3-113

09 按住Shift键的同时单击"浏览"图层，再将需要的图层同时选中。按Ctrl+G组合键，群组图层并将其命名为"导航栏",如图3-114所示。

图3-114

10 选择"视图 > 新建参考线"命令,弹出"新建参考线"对话框,在368像素的位置建立水平参考线,设置如图3-115所示。单击"确定"按钮,完成参考线的创建。

图3-115

11 选择"横排文字工具" T.,在适当的位置输入需要的文字。选择文字,在"字符"面板中,将"颜色"设为深灰色(R:38,G:38,B:40),其他选项的设置如图3-116所示。按Enter键确认操作,效果如图3-117所示,在"图层"面板中生成新的文字图层。

图3-116   图3-117

12 使用相同的方法,在适当的位置再次输入需要

的文字。选择文字,在"字符"面板中,将"颜色"设为深粉色(R:245,G:45,B:86),其他选项的设置如图3-118所示。按Enter键确认操作,效果如图3-119所示,在"图层"面板中生成新的文字图层。

图3-118   图3-119

13 在"02"图像窗口中,选择"移动工具" ⊕,将"查看全部"图形拖曳到适当的位置,效果如图3-120所示,在"图层"面板中生成新的形状图层。

图3-120

14 选择"视图 > 新建参考线"命令,弹出"新建参考线"对话框,在432像素的位置建立水平参考线,设置如图3-121所示。单击"确定"按钮,完成参考线的创建。

图3-121

15 选择"圆角矩形工具" ▢,在属性栏中将"半径"选项设为4像素,在适当的位置绘制圆角矩形。将"填充"颜色设为白色,"描边"颜色设为无,如图3-122所示,在"图层"面板中生成

新的形状图层"圆角矩形2"。

图3-122

16 单击"图层"面板下方的"添加图层样式"按钮 *fx*，在弹出的菜单中选择"投影"命令，弹出"图层样式"对话框，将投影颜色设为黑色，其他选项的设置如图3-123所示，单击"确定"按钮，效果如图3-124所示。

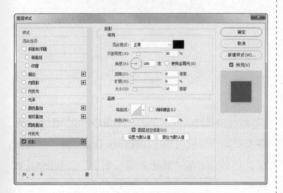

图3-123

图3-124

17 选择"圆角矩形工具" ⬜，在属性栏中将"半径"选项设为4像素，在适当的位置绘制圆角矩形，在"图层"面板中生成新的形状图层"圆角矩形3"。在"属性"面板中进行设置，如图3-125所示，按Enter键确认操作，效果如图3-126所示。

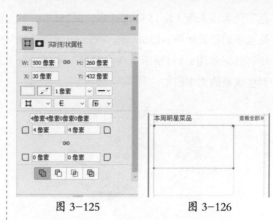

图 3-125　　　　　图 3-126

18 选择"文件 > 置入嵌入对象"命令，弹出"置入嵌入的对象"对话框，选择学习资源中的"Ch03 > 素材 > 制作Delicacy App界面 > 制作Delicacy App首页 > 03"文件，单击"置入"按钮，将图片置入图像窗口中。将其拖曳到适当的位置并调整大小，按Enter键确认操作，在"图层"面板中生成新的图层。按Alt+Ctrl+G组合键，为"03"图层创建剪贴蒙版，效果如图3-127所示。

19 在"02"图像窗口中，选择"移动工具" ✛，将"星星"图形拖曳到距离上方参考线14像素的位置，效果如图 3-128 所示，在"图层"面板中生成新的形状图层。

图3-127　　　　　图3-128

20 选择"横排文字工具" T，在距离上方图片30像素位置输入需要的文字。选择文字，在"字符"面板中，将"颜色"设为深灰色（R:38，G:38，B:40），其他选项的设置如图3-129所示，按Enter键确认操作。使用相同的方法，在距离上方文字20像素的位置输入需要的文字。选择文字，在"字符"面板中，将"颜色"设为浅灰色（R:155，G:155，B:155），其他选项的设置如图3-130所示。按Enter键确认操作，效果如图3-131所示，在"图层"面板中分别生成新的文字图层。

图3-129

图3-130

图3-131

21 在"02"图像窗口中，选择"移动工具" ⊕，将"五颗星"图形拖曳到距离上方文字18像素的位置，效果如图3-132所示，在"图层"面板中生成新的形状图层。

图3-132

22 选择"横排文字工具" T，在距离上方图片118像素的位置输入需要的文字。选择文字，在"字符"面板中，将"颜色"设为灰色（R:38，G:38，B:40），其他选项的设置如图3-133所示。

按Enter键确认操作，效果如图3-134所示，在"图层"面板中生成新的文字图层。

图3-133

图3-134

23 按住Shift键的同时单击"圆角矩形 2"图层，再将需要的图层同时选中。按Ctrl+G组合键，群组图层并将其命名为"香嫩牛肉三明治"，如图3-135所示。

图3-135

24 使用相同的方法制作其他图层组，如图3-136所示，效果如图3-137所示。按住Shift键的同时单击"本周明星菜品"图层，再将需要的图层同时选中。按Ctrl+G组合键，群组图层并将其命名为"本周明星菜品"，如图3-138所示。

图3-136

图3-137

图3-138

25 用相同的方法制作其他图层组，如图3-139所示，效果如图3-140所示。按住Shift键的同时单击"本周明星菜品"图层组，再将需要的图层同时选中。按Ctrl+G组合键，群组图层并将其命名为"内容区"，如图3-141所示。

图3-139

图3-140

图3-141

26 在"02"图像窗口中，选择"移动工具" ⊕，将"底部导航栏"图形拖曳到适当的位置并调整大小，在"图层"面板中生成新的形状图层。单击"图层"面板下方的"添加图层样式"按钮 fx，在弹出的菜单中选择"投影"命令，弹出"图层样式"对话框。将投影颜色设为黑色，其他选项的设置如图3-142所示，单击"确定"按钮，效果如图3-143所示。

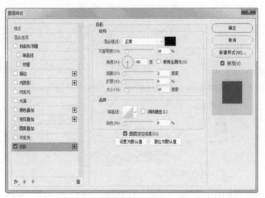

图3-142

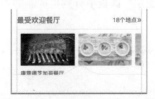

图3-143

27 在"02"图像窗口中，选择"移动工具" ⊕，将"首页"图形拖曳到距离上方形状14像素的位置，效果如图3-144所示，在"图层"面板中生成新的形状图层。

图3-144

28 选择"横排文字工具" T.，在距离上方形状10像素的位置输入需要的文字。选择文字，在"字符"面板中，将"颜色"设为深粉色（R:245，G:45，B:86），其他选项的设置如图3-145所示。按Enter键确认操作，效果如图3-146所示，在"图层"面板中生成新的文字图层。

图3-145

图3-146

29 使用相同的方法，制作出图3-147所示的效果，在"图层"面板中分别生成新的形状图层和文字图层。

图3-147

30 选择"椭圆工具" ○.，在属性栏中将"填充"颜色设为深粉色（R:245，G:45，B:86），"描边"颜色设为无。按住Shift键的同时在图像窗口中适当的位置绘制圆形，如图3-148所示，在"图层"面板中生成新的形状图层"椭圆1"。

图3- 148

31 单击"图层"面板下方的"添加图层样式"按钮 fx.，在弹出的菜单中选择"投影"命令，弹出"图层样式"对话框。将投影颜色设为黑色，其他选项的设置如图3-149所示，单击"确定"按钮，效果如图3-150所示。

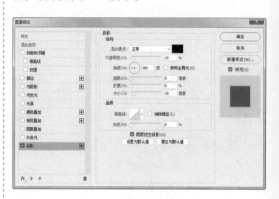

图3-149

图3-150

32 在"02"图像窗口中，选择"移动工具" ⊕.，将"购物车"图形拖曳到适当的位置，效果如图3-151所示，在"图层"面板中生成新的形状图层。

33 按住Shift键的同时单击"底部导航栏"图层，再将需要的图层同时选中。按Ctrl+G组合键，群组图层并将其命名为"标签栏"，如图3-152所示。

图3-151　　　　图3-152

34 按Ctrl+S组合键，弹出"另存为"对话框，将其命名为"制作Delicacy App首页"，保存为PSD格式。单击"保存"按钮，弹出"Photoshop 格式选项"对话框，单击"确定"按钮，将文件保存。Delicacy App首页制作完成。

4. 制作Delicacy App筛选页

01 按Ctrl+N组合键，弹出"新建文档"对话框，将"宽度"设为750像素，"高度"设为1334像素，"分辨率"设为72像素/英寸，"背景内容"设为白色，如图3-153所示，单击"创建"按钮，完成文档的创建。

图3-153

02 选择"视图 > 新建参考线版面"命令，弹出"新建参考线版面"对话框，设置如图3-154所示。单击"确定"按钮，完成参考线的创建，效果如图3-155所示。

03 选择"矩形工具" □，在属性栏的"选择工具模式"下拉列表框中选择"形状"选项，将"填充"颜色设为浅灰色（R:248，G:248，B:248），"描边"颜色设为无。在图像窗口中适当的位置绘制矩形，如图3-156所示，在"图层"面板中生成新的形状图层"矩形1"。

图3-154

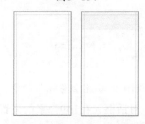

图3-155　　　图3-156

04 单击"图层"面板下方的"添加图层样式"按钮 fx，在弹出的菜单中选择"投影"命令，弹出"图层样式"对话框。将投影颜色设为黑色，其他选项的设置如图3-157所示，单击"确定"按钮，效果如图3-158所示。

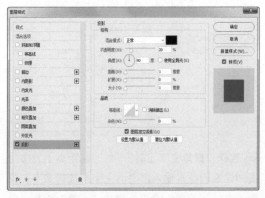

图3-157

图3-158

05 选择"文件 > 置入嵌入对象"命令，弹出"置入嵌入的对象"对话框，选择学习资源中的"Ch03 > 素材 > 制作Delicacy App 界面> 制作Delicacy App筛选页 > 01"文件，单击"置入"按钮，将图片置入图像窗口中。将其拖曳到适当的位置，按Enter键确认操作，在"图层"面板中生成新的图层并将其命名为"状态栏"，效果如图3-159所示。

图3-159

06 选择"视图 > 新建参考线"命令，弹出"新建参考线"对话框，在100像素的位置建立水平参考线，设置如图3-160所示。单击"确定"按钮，完成参考线的创建。使用相同的方法，在232像素的位置建立一条水平参考线，效果如图3-161所示。

图3-160

图3-161

07 选择"横排文字工具" T ，在距离上方参考线60像素的位置输入需要的文字。选择文字，选择"窗口 > 字符"命令，弹出"字符"面板，将

"颜色"设为深灰色（R:38，G:38，B:40），其他选项的设置如图3-162所示，按Enter键确认操作。使用相同的方法在距离上方参考线74像素的位置输入文字，在"字符"面板中将"颜色"设为深粉色（R:245，G:45，B:86），其他选项的设置如图3-163所示。按Enter键确认操作，效果如图3-164所示，在"图层"面板中分别生成新的文字图层。

图3-162

图3-163

图3-164

08 按住Ctrl键的同时分别单击"筛选"图层和"矩形1"图层，再将需要的图层同时选中。按Ctrl+G组合键，群组图层并将其命名为"导航栏"。在"图层"面板中，将"状态栏"图层拖曳到"导航栏"图层组的上方，如图3-165所示。

09 选择"视图 > 新建参考线"命令，弹出"新建参考线"对话框，在282像素的位置建立水平参考线，设置如图3-166所示。单击"确定"按钮，完成参考线的创建。

图3-165　　　　　图3-166

10 选择"横排文字工具" T.，在适当的位置输入需要的文字。选择文字，在"字符"面板中，将"颜色"设为深灰色（R:38，G:38，B:40），其他选项的设置如图3-167所示，按Enter键确认操作。使用相同的方法在距离上方文字52像素的位置输入文字，在"字符"面板中将"颜色"设为深粉色（R:245，G:45，B:86），其他选项的设置如图3-168所示。按Enter键确认操作，效果如图3-169所示，在"图层"面板中分别生成新的文字图层。

图3-167

图3-168

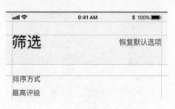

图3-169

11 按Ctrl+O组合键，打开学习资源中的"Ch03 > 素材 > 制作Delicacy App界面 > 制作Delicacy App筛选页 > 02"文件，选择"移动工具" +.，将"对号"图形拖曳到距离上方参考线58像素的位置并调整大小，效果如图3-170所示，在"图层"面板中生成新的形状图层。

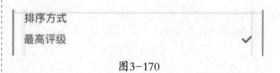

图3-170

12 选择"直线工具" /.，按住Shift键的同时在距离上方文字22像素的位置绘制直线。在属性栏中将"填充"颜色设为浅灰色（R:242，G:242，B:246），"描边"颜色设为无，"H"选项设为1像素，效果如图3-171所示，在"图层"面板中生成新的形状图层"形状1"。

图3-171

13 按住Shift键的同时单击"最高评级"图层，再将需要的图层同时选中。按Ctrl+G组合键，群组图层并将其命名为"最高评级"。使用相同的方法制作其他图层组，效果如图3-172所示。按住Shift键的同时单击"排序方式"图层，再将需要的图层同时选中。按Ctrl+G组合键，群组图层并将其命名为"排序方式"，如图3-173所示，效果如图3-174所示。

图3-172

图3-173　　　　　　　图3-174

14 使用相同的方法制作其他图层组，如图3-175所示，效果如图3-176所示。

图3-175　　　　　　　图3-176

15 选择"横排文字工具" T，在距离上方形状46像素的位置输入需要的文字。选择文字，在"字符"面板中，将"颜色"设为深灰色（R:38，G:38，B:40），其他选项的设置如图3-177所示，按Enter键确认操作。使用相同的方法在距离上方文字30像素的位置分别输入文字。选

择文字，在"字符"面板中，其他选项的设置如图3-178所示。按Enter键确认操作，效果如图3-179所示，在"图层"面板中分别生成新的文字图层。

图3-177

图3-178

图3-179

16 选择"圆角矩形工具" ◻，在属性栏中将"填充"颜色设为浅灰色（R:239，G:239，B:244），"描边"颜色设为无，"半径"选项设为4像素。在距离上方文字44像素的位置绘制圆角矩形，效果如图3-180所示，在"图层"面板中生成新的形状图层"圆角矩形1"。

其他筛选方式

¥ 0.00　　　　　　　　　　　　　　　¥ 200.00

图3-180

17 按Ctrl+J组合键，复制图形，在"图层"面

板中生成新的形状图层"圆角矩形1 拷贝"。在属性栏中将"填充"颜色设为深粉色（R:245，G:45，B:86）。在"属性"面板中，将"W"选项设为292像素，按Enter键确认操作，效果如图3-181所示。

18 选择"椭圆工具" ◯ ，按住Shift键的同时在距离上方文字26像素的位置绘制圆形。在属性栏中将"填充"颜色设为白色，"描边"颜色设为无，效果如图3-182所示，在"图层"面板中生成新的形状图层"椭圆1"。

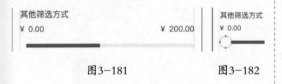

图3-181	图3-182

19 单击"图层"面板下方的"添加图层样式"按钮 fx ，在弹出的菜单中选择"投影"命令，弹出"图层样式"对话框。将投影颜色设为浅灰色（R:200，G:199，B:204），其他选项的设置如图3-183所示，单击"确定"按钮，效果如图3-184所示。

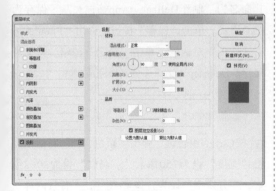

图3-183

图3-184

20 选择"椭圆工具" ◯ ，按住Shift键的同时

在图像窗口中适当的位置绘制圆形。在属性栏中将"填充"颜色设为深粉色（R:245，G:45，B:86），"描边"颜色设为无，如图3-185所示，在"图层"面板中生成新的形状图层"椭圆2"。

21 按住Shift键的同时单击"椭圆1"图层，再将需要的图层同时选中。按Ctrl+J组合键，复制图形，在"图层"面板中生成新的形状图层"椭圆1 拷贝"和"椭圆2 拷贝"。选择"移动工具" ✛ ，将复制的圆形向右拖曳到适当的位置，效果如图3-186所示。

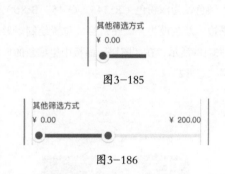

图3-185

图3-186

22 选择"椭圆2 拷贝"图层，按住Shift键的同时单击"其他筛选方式"图层，再将需要的图层同时选中。按Ctrl+G组合键，群组图层并将其命名为"其他筛选方式"，如图3-187所示。按住Shift键的同时单击"排序方式"图层组，再将需要的图层同时选中。按Ctrl+G组合键，群组图层并将其命名为"内容区"，如图3-188所示。

图3-187

图3-188

23 选择"矩形工具" □，在属性栏中将"填充"颜色设为深粉色（R:245，G:45，B:86），"描边"颜色设为无。在适当的位置绘制矩形，如图3-189所示，在"图层"面板中生成新的形状图层"矩形2"。

图3-189

24 选择"横排文字工具" T，在适当的位置输入需要的文字。选择文字，在"字符"面板中，将"颜色"设为白色，其他选项的设置如图 3-190 所示。按 Enter 键确认操作，效果如图 3-191 所示，在"图层"面板中生成新的文字图层。

图3-190

图3-191

25 按住Shift键的同时单击"矩形2"图层，再将需要的图层同时选中。按Ctrl+G组合键，群组图层并将其命名为"标签栏"，如图3-192所示。

图3-192

26 按Ctrl+S组合键，弹出"另存为"对话框，将其命名为"制作Delicacy App筛选页"，保存为PSD格式。单击"保存"按钮，弹出"Photoshop格式选项"对话框，单击"确定"按钮，将文件保存。Delicacy App筛选页制作完成。

5. 制作Delicacy App食品详情页

01 按Ctrl+N组合键，弹出"新建文档"对话框，将"宽度"设为750像素，"高度"设为2062像素，"分辨率"设为72像素/英寸，"背景内容"设为白色，如图3-193所示，单击"创建"按钮，完成文档的创建。

02 选择"视图 > 新建参考线版面"命令，弹出"新建参考线版面"对话框，设置如图3-194所示。单击"确定"按钮，完成参考线的创建。

03 选择"文件 > 置入嵌入对象"命令，弹出"置入嵌入的对象"对话框，选择学习资源中的"Ch03 > 素材 > 制作Delicacy App 界面> 制作

Delicacy App食品详情页 > 02"文件，单击"置入"按钮，将图片置入图像窗口中，将其拖曳到适当的位置并调整大小，按Enter键确认操作，效果如图3-195所示，在"图层"面板中生成新的图层并将其命名为"底图"。

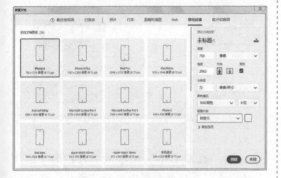

图3-193

图3-194

图3-195

04 单击"图层"面板下方的"创建新图层"按钮，生成新的图层"图层1"，如图3-196所示。选择"矩形选框工具"，在图像窗口中绘制矩形选区，如图3-197所示。

05 选择"渐变工具"，单击属性栏中的"点

按可编辑渐变"下拉列表框，弹出"渐变编辑器"对话框，将渐变色设为从白色到白色，设置两个位置点的"不透明度"选项分别为100、0，如图3-198所示，单击"确定"按钮。按住Shift键的同时在矩形选区上由下至上填充渐变色。按Ctrl+D组合键，取消选区，效果如图3-199所示。

图3-196

图3-197

图3-198

06 选择"文件 > 置入嵌入对象"命令，弹出"置入嵌入的对象"对话框，选择学习资源中的"Ch03 > 素材 > 制作Delicacy App 界面> 制作

Delicacy App食品详情页 > 01"文件，单击"置入"按钮，将图片置入图像窗口中，将其拖曳到适当的位置，按Enter键确认操作，效果如图3-200所示，在"图层"面板中生成新的图层并将其命名为"状态栏"。

图3-199　　　　图3-200

07 选择"视图 > 新建参考线"命令，弹出"新建参考线"对话框，在148像素的位置建立水平参考线，设置如图3-201所示。单击"确定"按钮，完成参考线的创建。

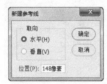

图3-201

08 按Ctrl＋O组合键，打开学习资源中的"Ch03 > 素材 > 制作Delicacy App界面 > 制作Delicacy App食品详情页 > 03"文件，选择"移动工具" ⊕ ，将"返回"图形拖曳到距离上方参考线32像素的位置，效果如图3-202所示，在"图层"面板中生成新的形状图层。

图3-202

09 选择"横排文字工具" T. ，在距离上方参考线40像素的位置输入需要的文字。选择文字，选择"窗口 > 字符"命令，弹出"字符"面板，将

"颜色"设为白色，其他选项的设置如图3-203所示。按Enter键确认操作，效果如图3-204所示，在"图层"面板中生成新的文字图层。

图3-203　　　　图3-204

10 选择"椭圆工具" ◯. ，在属性栏的"选择工具模式"下拉列表框中选择"形状"选项，将"填充"颜色设为浅灰色（R:239，G:239，B:244），"描边"颜色设为无。按住Shift键的同时在距离上方参考线48像素的位置绘制圆形，如图3-205所示，在"图层"面板中生成新的形状图层"椭圆1"。

图3-205

11 在"03"图像窗口中，选择"移动工具" ⊕. ，将"电话"图形拖曳到适当的位置，效果如图3-206所示，在"图层"面板中生成新的形状图层。使用相同的方法，制作出图3-207所示的效果。

图3-206

图3-207

12 按住Shift键的同时单击"返回"图层，再将需要的图层同时选中。按Ctrl+G组合键，群组图层

并将其命名为"导航栏"，如图3-208所示。

13 选择"视图 > 新建参考线"命令，弹出"新建参考线"对话框，在680像素的位置建立水平参考线，设置如图3-209所示。单击"确定"按钮，完成参考线的创建。

图3-208　　　　　图3-209

14 选择"横排文字工具" T ，在适当的位置输入需要的文字。选择文字，在"字符"面板中，将"颜色"设为深灰色（R:38，G:38，B:40），其他选项的设置如图3-210所示。按Enter键确认操作，效果如图3-211所示，在"图层"面板中生成新的文字图层。

图3-210

图3-211

15 选择"视图 > 新建参考线"命令，弹出"新建参考线"对话框，在858像素的位置建立水平参考线，设置如图3-212所示。单击"确定"按钮，完成参考线的创建。

图3-212

16 选择"横排文字工具" T ，在适当的位置输入需要的文字。选择文字，在"字符"面板中，将"颜色"设为深灰色（R:38，G:38，B:40），其他选项的设置如图3-213所示，按Enter键确认操作，效果如图3-214所示。在图像窗口中适当的位置拖曳创建文本框，输入需要的文字。选择文字，在"字符"面板中，将"颜色"设为浅灰色（R:155，G:155，B:155），其他选项的设置如图3-215所示。按Enter键确认操作，效果如图3-216所示，在"图层"面板中分别生成新的文字图层。

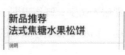

图3-213　　　　　图3-214

图3-215　　　　　图3-216

17 按住Shift键的同时单击"新品推荐 法式焦糖水果松饼"图层，再将需要的图层同时选中。按Ctrl+G组合键，群组图层并将其命名为"说明"，如图3-217所示。

图3-217

18 选择"视图 > 新建参考线"命令，弹出"新建参考线"对话框，在1114像素的位置建立水平参考线，设置如图3-218所示。单击"确定"按钮，完成参考线的创建。

图3-218

19 选择"横排文字工具" T.，使用上述的方法分别输入文字，制作出图3-219所示的效果，在"图层"面板中分别生成新的文字图层。

图3-219

20 在"03"图像窗口中，选择"移动工具" +.，将"对号"图形拖曳到适当的位置，效果如图3-220所示，在"图层"面板中生成新的形状图层。

21 选择"直线工具" /.，按住Shift键的同时在距离上方文字24像素的位置绘制直线。在属性栏中将"填充"颜色设为浅灰色（R:242，G:242，B:246），"描边"颜色设为无，"H"选项设为1像素，效果如图3-221所示，在"图层"面板中生成新的形状图层"形状1"。

图3-220   图3-221

22 按住Shift键的同时单击"三种水果"图层，再将需要的图层同时选中。按Ctrl+G组合键，群组图层并将其命名为"三种水果"，如图3-222所示。使用相同的方法制作其他图层组，结果如图3-223所示，效果如图3-224所示。按住Shift键的同时单击"添加"图层，再将需要的图层同时选中。按Ctrl+G组合键，群组图层并将其命名为"添加"，如图3-225所示。

图3-222

图3-223

三种水果 ¥15.00
一种水果 ¥7.00
三种坚果 ¥20.00
一种坚果 ¥8.00
饼干 ¥10.00
调味酱 ¥8.00

图3-224　　　　　　　　图3-225

图3-229

图3-230

23 选择"横排文字工具" T.，使用上述的方法分别输入文字，效果如图3-226所示，在"图层"面板中分别生成新的文字图层。

图3-226

24 选择"圆角矩形工具" □.，在属性栏中将"填充"颜色设为无，"描边"颜色设为深粉色（R:245，G:45，B:86），"粗细"选项设为1像素，"半径"选项设为30像素。在距离上方形状70像素的位置绘制圆角矩形，效果如图3-227所示，在"图层"面板中生成新的形状图层"圆角矩形1"。

图3-227

25 按Ctrl+J组合键，复制形状，在"图层"面板中生成新的形状图层"圆角矩形1拷贝"。在属性栏中将"填充"颜色设为深粉色（R:245，G:45，B:86），"描边"颜色设为无，效果如图3-228所示。在"属性"面板中进行设置，如图3-229所示，按Enter键确认操作，效果如图3-230所示。

图3-228

26 在"03"图像窗口中，选择"移动工具" ⊕.，将"减少"图形拖曳到适当的位置。使用相同的方法，制作出图3-231所示的效果，在"图层"面板中分别生成新的形状图层。

图3-231

27 按住Shift键的同时单击"数量"图层，再将需要的图层同时选中。按Ctrl+G组合键，群组图层并将其命名为"数量"，如图3-232所示。

图3-232

28 选择"圆角矩形工具" □.，在属性栏中将"填充"颜色设为深粉色（R:245，G:45，B:86），"描边"颜色设为无，"半径"选项设为8像素。在适当的位置绘制圆角矩形，效果如图3-233所示，在"图层"面板中生成新的形状图层"圆角矩形2"。

图3-233

29 选择"横排文字工具" T.，在适当的位置分别输入需要的文字。选择文字，在"字符"面板中，将"颜色"设为白色，其他选项的设置如图3-234所示。按Enter键确认操作，效果如图3-235所示，在"图层"面板中分别生成新的文字图层。

图3-234

图3-235

30 按住Shift键的同时单击"圆角矩形2"图层，再将需要的图层同时选中。按Ctrl+G组合键，群组图层并将其命名为"按钮"，如图3-236所示。按住Shift键的同时单击"说明"图层组，再将需要的图层组同时选中。按Ctrl+G组合键，群组图层并将其命名为"内容区"，如图3-237所示。

31 按Ctrl+S组合键，弹出"另存为"对话框，将其命名为"制作Delicacy App食品详情页"，

保存为PSD格式。单击"保存"按钮，弹出"Photoshop格式选项"对话框，单击"确定"按钮，将文件保存。Delicacy App食品详情页制作完成。

图3-236　　　　　　　　图3-237

6. 制作Delicacy App购物车页

01 按Ctrl+N组合键，弹出"新建文档"对话框，将"宽度"设为750像素，"高度"设为1334像素，"分辨率"设为72像素/英寸，"背景内容"设为浅灰色（R:248，G:248，B:248），如图3-238所示，单击"创建"按钮，完成文档的创建。

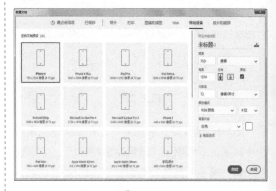

图3-238

02 选择"视图 > 新建参考线版面"命令，弹出"新建参考线版面"对话框，设置如图3-239所示。单击"确定"按钮，完成参考线的创建。

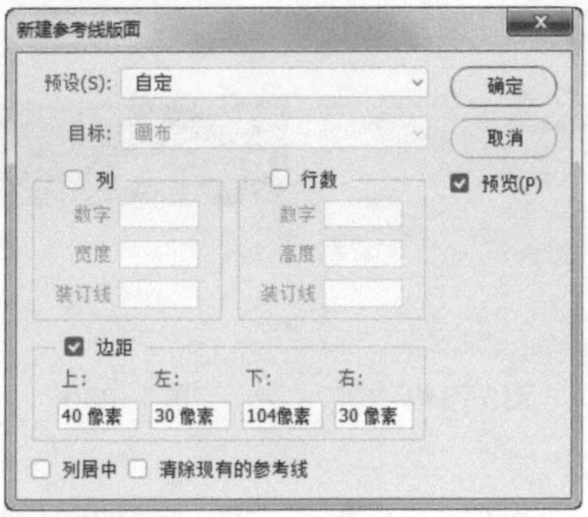

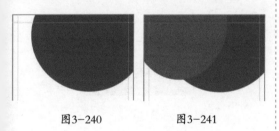

图3-239

03 选择"椭圆工具" ○.,在属性栏的"选择工具模式"下拉列表框中选择"形状"选项,将"填充"颜色设为深粉色(R:231,G:44,B:82),"描边"颜色设为无。在图像窗口中适当的位置绘制椭圆形,如图3-240所示,在"图层"面板中生成新的形状图层"椭圆1"。

04 使用相同的方法再次绘制一个椭圆形,在属性栏中将"填充"颜色设为深粉色(R:245,G:45,B:86),"描边"颜色设为无,如图3-241所示,在"图层"面板中生成新的形状图层"椭圆2"。

图3-240　　　　图3-241

05 选择"文件 > 置入嵌入对象"命令,弹出"置入嵌入的对象"对话框,选择学习资源中的"Ch03 > 素材 > 制作Delicacy App界面 > 制作Delicacy App购物车页 > 01"文件,单击"置入"按钮,将图片置入图像窗口中。将其拖曳到适当的位置,按Enter键确认操作,效果如图3-242所示,在"图层"面板中生成新的图层并将其命名为"状态栏"。

06 选择"视图 > 新建参考线"命令,弹出"新建参考线"对话框,在100像素的位置建立水平参考线,设置如图3-243所示。单击"确定"按钮,完

成参考线的创建。

图3-242　　　　图3-243

07 选择"横排文字工具" T.,在适当的位置输入需要的文字。选择文字,选择"窗口 > 字符"命令,弹出"字符"面板,将"颜色"设为白色,其他选项的设置如图3-244所示,按Enter键确认操作。使用相同的方法在距离上方参考线14像素的位置输入文字,"字符"面板的设置如图3-245所示,效果如图3-246所示,在"图层"面板中分别生成新的文字图层。

图3-244

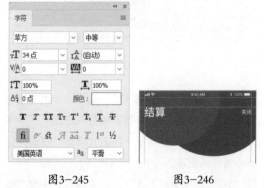

图3-245　　　　图3-246

08 按住Ctrl键的同时分别单击"结算"图层、"椭圆2"图层和"椭圆1"图层,再将需要的图

层同时选中。按Ctrl+G组合键，群组图层并将其命名为"导航栏"。在"图层"面板中，将"状态栏"图层拖曳到"导航栏"图层组的上方，如图3-247所示。

图3-247

09 选择"视图 > 新建参考线版面"命令，弹出"新建参考线版面"对话框，设置如图3-248所示。单击"确定"按钮，完成参考线的创建。

图3-248

10 选择"视图 > 新建参考线"命令，弹出"新建参考线"对话框，在518像素的位置建立水平参考线，设置如图3-249所示。单击"确定"按钮，完成参考线的创建。

11 选择"圆角矩形工具" □.，在属性栏中将"填充"颜色设为白色，"描边"颜色设为无，"半径"选项设为8像素。在适当的位置绘制圆角矩形，效果如图3-250所示，在"图层"面板中生成新

的形状图层"圆角矩形1"。

图3-249　　　　　图3-250

12 单击"图层"面板下方的"添加图层样式"按钮 fx.，在弹出的菜单中选择"投影"命令，弹出"图层样式"对话框。将投影颜色设为黑色，其他选项的设置如图3-251所示，单击"确定"按钮，效果如图3-252所示。

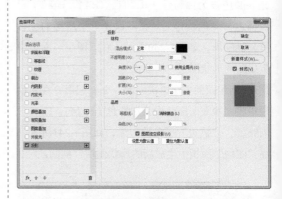

图3-251

图3-252

13 选择"横排文字工具" T.，在距离上方参考线28像素的位置分别输入需要的文字。选择文字，在"字符"面板中，将"颜色"分别设为深灰色（R:38，G:38，B:40）和浅灰色（R:155，G:155，B:155），其他选项的设置分别如图3-253和图3-254所示。按Enter键确认操作，效果如图3-255所示，在"图层"面板中分别生成新的文字图层。

图3-253　　　　　　　　图3-254

图3-255

14 使用相同的方法制作出图3-256所示的效果，在"图层"面板中分别生成新的文字图层。选择"直线工具" ，在属性栏中将"填充"颜色设为无，"描边"颜色设为浅灰色（R:239，G:239，B:244），"粗细"选项设为1像素。按住Shift键的同时在距离上方文字18像素的位置绘制直线，效果如图3-257所示，在"图层"面板中生成新的形状图层"形状1"。

图3-256　　　　　　　　图3-257

15 按住Shift键的同时单击"圆角矩形 1"图层，再将需要的图层同时选中。按Ctrl+G组合键，群组图层并将其命名为"订单合计"，如图3-258所示。

16 选择"视图 > 新建参考线"命令，弹出"新建参考线"对话框，在542像素的位置建立水平参考线，设置如图3-259所示。单击"确定"按钮，完成参考线的创建。

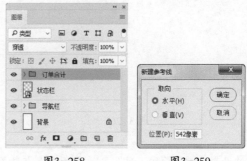

图3-258　　　　　　　　图3-259

17 选择"圆角矩形工具" ，在属性栏中将"填充"颜色设为白色，"描边"颜色设为无，"半径"选项设为8像素。在适当的位置绘制圆角矩形，效果如图3-260所示，在"图层"面板中生成新的形状图层"圆角矩形2"。

图3-260

18 单击"图层"面板下方的"添加图层样式"按钮 ，在弹出的菜单中选择"投影"命令，弹出"图层样式"对话框。将投影颜色设为黑色，其他选项的设置如图3-261所示，单击"确定"按钮，效果如图3-262所示。

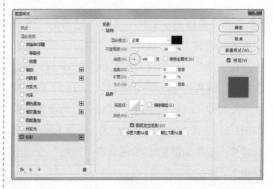

图3-261

图3-262

19 选择"圆角矩形工具" ▢. ，在距离上方参考线48像素的位置绘制圆角矩形，在"图层"面板中生成新的形状图层"圆角矩形3"。在属性栏中将"填充"颜色设为深灰色（R:144，G:144，B:145），"描边"颜色设为无。在"属性"面板中将"半径"选项设为4像素，按Enter键确认操作，效果如图3-263所示。

20 选择"文件 > 置入嵌入对象"命令，弹出"置入嵌入的对象"对话框，选择学习资源中的"Ch03 > 素材 > 制作Delicacy App界面 > 制作Delicacy App购物车页 > 02"文件，单击"置入"按钮，将图片置入图像窗口中。将其拖曳到适当的位置并调整大小，按Enter键确认操作，在"图层"面板中生成新的图层。按Alt+Ctrl+G组合键，为"02"图层创建剪贴蒙版，效果如图3-264所示。

图3-263　　　　　　　　图3-264

21 选择"横排文字工具" T. ，在适当的位置分别输入需要的文字。选择文字，在"字符"面板中，将"颜色"分别设为深灰色（R:38，G:38，B:40）、浅灰色（R:155，G:155，B:155）和深粉色（R:245，G:45，B:86），其他选项的设置分别如图3-265、图3-266和图3-267所示。按Enter键确认操作，效果如图3-268所示，在"图层"面板中分别生成新的文字图层。

22 选择"直线工具" ∕. ，在属性栏中将"填充"颜色设为无，"描边"颜色设为浅灰色（R:242，

G:242，B:246），"粗细"选项设为1像素。按住Shift键的同时在距离上方文字30像素的位置绘制直线，效果如图3-269所示，在"图层"面板中生成新的形状图层"形状2"。

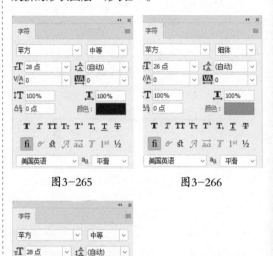

图3-265　　　　　　　　图3-266

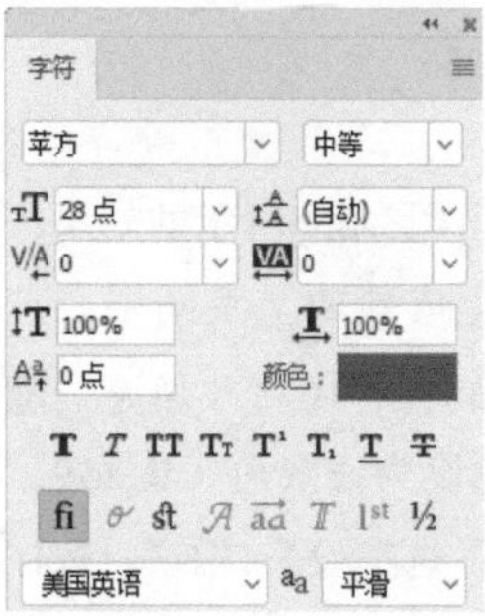

图3-267 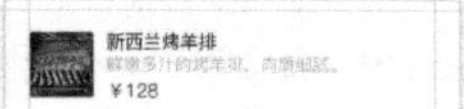　　　　　　　　图3-268

图3-269

23 按住Shift键的同时单击"圆角矩形 3"图层，再将需要的图层同时选中。按Ctrl+G组合键，群组图层并将其命名为"新西兰烤羊排"。使用相同的方法制作其他图层组，如图3-270所示，效果如图3-271所示。按住Shift键的同时单击"圆角矩形 2"图层，再将需要的图层同时选中。按Ctrl+G组合键，群组图层并将其命名为"订单详情"，如图3-272所示。

24 选择"圆角矩形工具" ▢. ，在属性栏中将"填充"颜色设为深粉色（R:245，G:45，B:86），"描边"颜色设为无，"半径"选项设为8像素。在适当的位置绘制圆角矩形，效果如

图3-273所示，在"图层"面板中生成新的形状图层"圆角矩形4"。

图3-270

图3-274　　　　　　　　　　图3-275

图3-271　　　　　　　图3-272

图3-276

图3-273

图3-277

25　选择"横排文字工具" T.，在适当的位置输入需要的文字。选择文字，在"字符"面板中，将"颜色"设为白色，其他选项的设置如图3-274所示。按Enter键确认操作，效果如图3-275所示，在"图层"面板中生成新的文字图层。

26　按住Shift键的同时单击"圆角矩形 4"图层，再将需要的图层同时选中。按Ctrl+G组合键，群组图层并将其命名为"按钮"，如图3-276所示。按住Shift键的同时单击"订单合计"图层组，再将需要的图层组同时选中。按Ctrl+G组合键，群组图层并将其命名为"内容区"，如图3-277所示。

27　按Ctrl+S组合键，弹出"另存为"对话框，将其命名为"制作Delicacy App购物车页"，保存为PSD格式。单击"保存"按钮，弹出"Photoshop格式选项"对话框，单击"确定"按钮，将文件保存。Delicacy App购物车页制作完成。

提示

其他6个页面的效果在学习资源中体现。

【案例学习目标】学会使用不同的绘图工具绘制图形，能为图形添加特殊效果，并能应用"移动工具"移动装饰图片来制作App界面。

【案例知识要点】使用"椭圆工具"和"圆角矩形工具"绘制图形，使用"描边"命令和"渐变叠加"命令为图形添加特殊效果，使用"创建剪贴蒙版"命令为图片添加蒙版，使用"横排文字工具"输入文字，效果如图3-278所示。

【效果所在位置】Ch03\效果\制作侃侃App界面。

图3-278

1. 制作侃侃App闪屏页

01 按Ctrl+N组合键，弹出"新建文档"对话框，将"宽度"设为750像素，"高度"设为1334像素，"分辨率"设为72像素/英寸，"背景内容"设为白色，如图3-279所示。单击"创建"按钮，完成文档的创建。

02 选择"文件 > 置入嵌入对象"命令，弹出"置入嵌入的对象"对话框，选择学习资源中的"Ch03 > 素材 > 制作侃侃App界面 > 制作侃侃App闪屏页 > 01"文件，单击"置入"按钮，按Enter键确认操作，效果如图3-280所示。在"图层"面板中生成新的图层并将其命名为"底图"。

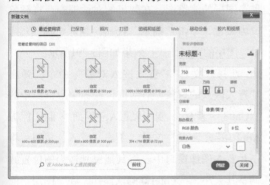

图3-279

图3-280

03 按Ctrl+T组合键，图片周围出现变换框，拖曳右上角的控制手柄，调整图片的大小及位置，按Enter键确认操作，如图3-281所示。

04 选择"视图 > 新建参考线"命令，弹出"新建参考线"对话框，在40像素的位置新建一条水平参考线，设置如图3-282所示。单击"确定"按钮，完成参考线的创建，效果如图3-283所示。

图3-281　　　　　图3-282　　　　　图3-283

05 选择"文件 > 置入嵌入对象"命令，弹出"置入嵌入的对象"对话框，选择学习资源中的"Ch03 > 素材 > 制作侃侃App 界面> 制作侃侃App闪屏页 > 02"文件。单击"置入"按钮，将图片置入图像窗口中，将其拖曳到适当的位置，按Enter键确认操作，效果如图3-284所示，在"图层"面板中生成新的图层并将其命名为"状态栏"。

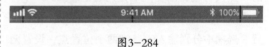

图3-284

06 选择"横排文字工具" T.，在适当的位置输入需要的文字。选择文字，选择"窗口 > 字符"命令，弹出"字符"面板。将"颜色"设为白色，其他选项的设置如图3-285所示，按Enter键确认操作，效果如图3-286所示。

图3-285

图3-286

07 选择"椭圆工具" 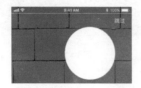，在属性栏的"选择工具模式"下拉列表框中选择"形状"选项，将"填充"颜色设为白色，"描边"颜色设为无。按住Shift键的同时在图像窗口中适当的位置绘制圆形，效果如图3-287所示，在"图层"面板中生成新的形状图层"椭圆1"。

图3-287

08 单击"图层"面板下方的"添加图层样式"按钮 *fx.*，在弹出的菜单中选择"描边"命令，弹出"图层样式"对话框。在"填充类型"下拉列表框中选择"渐变"选项，单击"渐变"选项右侧的"点按可编辑渐变"下拉列表框，弹出"渐变编辑器"对话框。单击色标，在"位置"选项中分别输入0、100两个位置点，设置两个位置点颜色的RGB值分别为（254、72、49）、（255、130、18），如图3-288所示。单击"确定"按钮，返回"图层样式"对话框，其他选项的设置如图3-289所示。单击"确定"按钮，效果如图3-290所示。

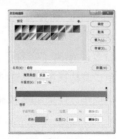

图3-288

图3-289

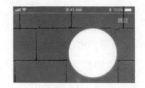

图3-290

09 将"椭圆1"图层拖曳到"图层"面板下方的"创建新图层"按钮 上进行复制，生成新的形状图层"椭圆1 拷贝"。按Ctrl+T组合键，图形周围出现变换框，按住Alt+Shift组合键的同时拖曳右上角的控制手柄等比例缩小图形，按Enter键确认操作。在"图层"面板中，双击"椭圆1 拷贝"图层的缩览图，在弹出的对话框中，将颜色设为黑色，单击"确定"按钮。删除"椭圆1 拷贝"图层的图层样式，效果如图3-291所示。

10 选择"文件 > 置入嵌入对象"命令，弹出"置入嵌入的对象"对话框，选择学习资源中的"Ch03 > 素材 > 制作侃侃App界面 > 制作侃侃App闪屏页 > 03"文件，单击"置入"按钮，将图片置入图像窗口中。将其拖曳到适当的位置并调整其大小，按Enter键确认操作，在"图层"面板中生成新的图层并将其命名为"人物1"。按Alt+Ctrl+G组合键，为"人物1"图层创建剪贴蒙版，效果如图3-292所示。

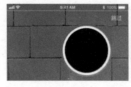

图3-291

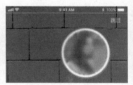

图3-292

11 按住Shift键的同时选择"椭圆 1"图层，按Ctrl+G组合键，群组图层并将其命名为"头像1"，如图3-293所示。

12 将"头像1"图层组拖曳到"图层"面板下方的"创建新图层"按钮 上进行复制，生成新的图层组"头像1 拷贝"，将其命名为"头像2"，如图3-294所示。按Ctrl+T组合键，图片周围出现变换框，调整其大小。选择"移动工具" ，在图像窗口中将其拖曳到适当的位置，按Enter键确认操作，效果如图3-295所示。

图3-293　　　　图3-294

图3-295

13 展开"头像2"图层组，选择"人物1"图层，按Delete键，删除该图层。选择"文件 > 置入嵌入对象"命令，弹出"置入嵌入的对象"对话框，选择学习资源中的"Ch03 > 素材 > 制作侃侃App界面 > 制作侃侃App闪屏页 > 04"文件，单击"置入"按钮，将图片置入图像窗口中。将其拖曳到适当的位置并调整其大小，按Enter键确认操作，在"图层"面板中生成新的图层并将其命名为"人物2"。按Alt+Ctrl+G组合键，为"人物2"图层创建剪贴蒙版，效果如图3-296所示。

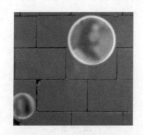

图3-296

14 双击"椭圆 1"图层，弹出"图层样式"对

话框，勾选"描边"复选框，选项的设置如图3-297所示。单击"确定"按钮，效果如图3-298所示。

图3-297

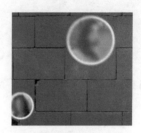

图3-298

15 折叠"头像2"图层组中的图层。选择"椭圆工具" ，在属性栏中将"填充"颜色设为白色，按住Shift键的同时在图像窗口中拖曳鼠标绘制圆形，效果如图3-299所示。

图3-299

16 选择"文件 > 置入嵌入对象"命令，弹出"置入嵌入的对象"对话框，选择学习资源中的"Ch03 > 素材 > 制作侃侃App界面 > 制作侃侃App闪屏页 > 08"文件，单击"置入"按钮，将

图片置入图像窗口中。将其拖曳到适当的位置并调整其大小，按Enter键确认操作，在"图层"面板中生成新的图层并将其命名为"人物3"。

17 按Alt+Ctrl+G组合键，为"人物3"图层创建剪贴蒙版，效果如图3-300所示。使用相同的方法制作其他图形和图片，效果如图3-301所示。在"图层"面板中，选择"人物7"图层，按住Shift键的同时单击"椭圆 2"图层，再将需要的图层同时选中。按Ctrl+G组合键，群组图层并将其命名为"更多头像"，如图3-302所示。

 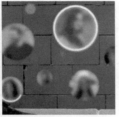

图3-300　　　　　　图3-301

图3-302

18 选择"横排文字工具" **T.**，在适当的位置输入需要的文字。选择文字，在"字符"面板中，将"颜色"设为白色，其他选项的设置如图3-303所示，按Enter键确认操作，效果如图3-304所示。使用相同方法输入其他文字，设置如图3-305所示，效果如图3-306所示。在"图层"面板中分别生成新的文字图层。侃侃App闪屏页制作完成。

 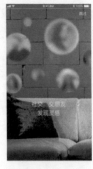

图3-303　　　　　　图3-304

图3-305　　　　　　图3-306

2. 制作侃侃App欢迎页

01 按Ctrl+N组合键，弹出"新建文档"对话框，将"宽度"设为750像素，"高度"设为1334像素，"分辨率"设为72像素/英寸，"背景内容"设为白色，如图3-307所示。单击"创建"按钮，完成文档的创建。

图3-307

02 选择"文件 > 置入嵌入对象"命令，弹出

"置入嵌入的对象"对话框，选择学习资源中的"Ch03 > 素材 > 制作侃侃App界面> 制作侃侃App欢迎页 > 01"文件，单击"置入"按钮，将图片置入图像窗口中。将图片拖曳到适当的位置并调整大小，按Enter键确认操作，效果如图3-308所示，在"图层"面板中生成新的图层并将其命名为"底图"。

03 选择"视图 > 新建参考线"命令，弹出"新建参考线"对话框，在40像素的位置新建一条水平参考线，设置如图3-309所示，单击"确定"按钮，完成参考线的创建，效果如图3-310所示。

图3-308　　　图3-309　　　图3-310

04 选择"文件 > 置入嵌入对象"命令，弹出"置入嵌入的对象"对话框，选择学习资源中的"Ch03 > 素材 > 制作侃侃App界面 > 制作侃侃App欢迎页 > 02"文件，单击"置入"按钮，将图片置入图像窗口中。将图片拖曳到图像窗口中适当的位置，按Enter键确认操作，效果如图3-311所示，在"图层"面板中生成新的图层并将其命名为"状态栏"。

图3-311

05 选择"横排文字工具" T，在适当的位置输入需要的文字。选择文字，在"字符"面板中，将"颜色"设为白色，其他选项的设置如图3-312所示，效果如图3-313所示。用相同的方法再次输入文字，设置如图3-314所示，效果如图3-315所示，在"图层"面板中分别生成新的文字图层。

图3-312　　　　　　图3-313

图3-314　　　　　　图3-315

06 选择"圆角矩形工具" ，在属性栏的"选择工具模式"下拉列表框中选择"形状"选项，将"填充"颜色设为白色，"描边"颜色设为无，"半径"选项设为10像素。在图像窗口中适当的位置绘制圆角矩形，在"图层"面板中生成新的形状图层 "圆角矩形1"。选择"窗口 > 属性"命令，弹出"属性"面板，设置如图3-316所示，按Enter键确认操作，效果如图3-317所示。

07 单击"图层"面板下方的"添加图层样式"按钮 fx，在弹出的菜单中选择"渐变叠加"命令，弹出"图层样式"对话框，单击"渐变"

选项右侧的"点按可编辑渐变"下拉列表框 ，弹出"渐变编辑器"对话框。单击色标，在"位置"选项中分别输入0、100两个位置点，分别设置两个位置点颜色的RGB值为（255、134、16）、（254、44、60），如图3-318所示。单击"确定"按钮，返回"图层样式"对话框，其他选项的设置如图3-319所示，单击"确定"按钮，效果如图3-320所示。

图3-316　　　　　　　图3-317

图3-318

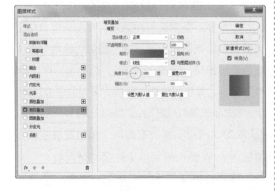

图3-319

图3-320

08 选择"横排文字工具" T，在适当的位置输入需要的文字。选择文字，在"字符"面板中，将"颜色"设为白色，其他选项的设置如图3-321所示。按Enter键确认操作，效果如图3-322所示，在"图层"面板中生成新的文字图层。

图3-321　　　　　　　图3-322

09 将"圆角矩形1"图层拖曳到"图层"面板下方的"创建新图层"按钮 上进行复制，生成新的形状图层"圆角矩形1 拷贝"。选择"移动工具" ，按住Shift键的同时将其向下拖曳到适当的位置。删除"圆角矩形1 拷贝"图层的图层样式，效果如图3-323所示。

10 选择"横排文字工具" T，在适当的位置输入需要的文字。选择文字，在"字符"面板中，将"颜色"设为黑色，其他选项的设置如图3-324所示，按Enter键确认操作，效果如图3-325所示。使用相同方法输入其他文字，在"字符"

面板中，将"颜色"设为白色，其他选项的设置如图3-326所示，按Enter键确认操作，效果如图3-327所示。

图3-323

图3-324

图3-325

图3-326

图3-327

11 按Ctrl+O组合键，打开学习资源中的"Ch03 > 素材 > 制作侃侃App界面 > 制作侃侃App欢迎页 > 03"文件，选择"移动工具" ➕ ，将"QQ"图形拖曳到图像窗口中适当的位置并调整其大小，

效果如图3-328所示，在"图层"面板中生成新的形状图层"QQ"。使用相同的方法拖曳其他图形到适当的位置，效果如图3-329所示。侃侃App欢迎页制作完成。

图3-328　　　　　图3-329

3. 制作侃侃App首页

01 按Ctrl+N组合键，弹出"新建文档"对话框，将"宽度"设为750像素，"高度"设为4054像素，"分辨率"设为72像素/英寸，"背景内容"设为白色，如图3-330所示，单击"创建"按钮，完成文档的创建。

图3-330

02 选择"视图 > 新建参考线"命令，弹出"新建参考线"对话框，在40像素的位置新建一条水平参考线，设置如图3-331所示，单击"确定"按钮，完成参考线的创建。

03 选择"文件 >置入嵌入对象"命令，弹出"置入嵌入的对象"对话框，选择学习资源中的"Ch03> 素材 > 制作侃侃App 界面> 制作侃侃App首页 > 01"文件，单击"置入"按钮，将图片置入图像窗口中。将图片拖曳到适当的位置，按Enter键确认操作，效果如图3-332所示，在"图层"面板中生成新的图层并将其命名为"状态栏"。

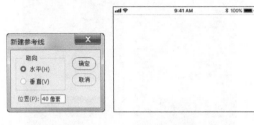

图3-331　　　　　　图3-332

04 选择"视图 > 新建参考线"命令，弹出"新建参考线"对话框，在128像素（距离上方参考线88像素）的位置新建一条水平参考线，设置如图3-333所示，单击"确定"按钮，完成参考线的创建，效果如图3-334所示。用相同的方法，在32像素的位置新建一条垂直参考线，设置如图3-335所示，单击"确定"按钮，完成参考线的创建。

图3-333　　　　　　图3-334

图3-335

05 用相同的方法，在375像素（页面中心位置）和718像素（距离右侧32像素）的位置新建两条垂直参考线，效果如图3-336所示。

06 选择"横排文字工具" T.，在适当的位置输入需要的文字。选择文字，在"字符"面板中，将"颜色"设为黑色，其他选项的设置如图3-337所示，按Enter键确认操作，效果如图3-338所示，在"图层"面板生成新的文字图层。

图3-336　　　　　　图3-337

图3-338

07 按Ctrl＋O组合键，打开学习资源中的"Ch03> 素材 > 制作侃侃App 界面> 制作侃侃App首页 > 02"文件。选择"移动工具" ＋.，将"编辑"图形拖曳到图像窗口中适当的位置并调整其大小，效果如图3-339所示，在"图层"面板中生成新的形状图层"编辑"。在"图层"面板中，按住Shift键的同时单击"发现"图层，再将需要的图层同时选中。按Ctrl+G组合键，群组图层并将其命名为"导航栏"，如图3-340所示。

图3-339　　　　　　图3-340

08 选择"视图 > 新建参考线"命令,弹出"新建参考线"对话框,在168像素(距离上方参考线40像素)的位置新建一条水平参考线,设置如图3-341所示,单击"确定"按钮,完成参考线的创建,效果如图3-342所示。用相同的方法,在416像素(距离上方参考线248像素)的位置新建一条水平参考线,效果如图3-343所示。

09 选择"圆角矩形工具" ,在属性栏中将"填充"颜色设为白色,"半径"选项设为26像素,在图像窗口中适当的位置绘制圆角矩形,效果如图3-344所示,在"图层"面板中生成新的形状图层"圆角矩形1"。

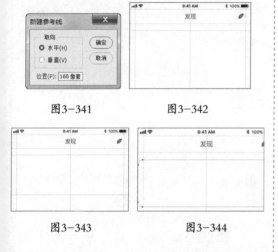

图3-341　　　图3-342

图3-343　　　　图3-344

10 单击"图层"面板下方的"添加图层样式"按钮 fx ,在弹出的菜单中选择"投影"命令,弹出"图层样式"对话框。将投影颜色设为黑色,其他选项的设置如图3-345所示,单击"确定"按钮,效果如图3-346所示。

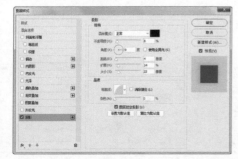

图3-345

图3-346

11 选择"椭圆工具" ,按住Shift键的同时在图像窗口中适当的位置绘制圆形,效果如图3-347所示。在属性栏中将"填充"颜色设为黑色,在"图层"面板中生成新的形状图层"椭圆1"。

12 按Ctrl+J组合键,复制图层,在"图层"面板中生成新的形状图层并将其命名为"椭圆2"。选择"移动工具" ,按住Shift键的同时将其拖曳到适当的位置,如图3-348所示。单击图层左侧的"眼睛"图标 ,隐藏该图层,并选择"椭圆1"图层。

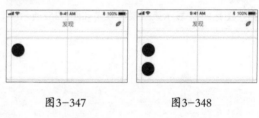

图3-347　　　　图3-348

13 选择"文件 > 置入嵌入对象"命令,弹出"置入嵌入的对象"对话框,选择学习资源中的"Ch03 > 素材 > 制作侃侃App界面 > 制作侃侃App首页 > 03"文件,单击"置入"按钮,将图片置入图像窗口中。将图片拖曳到适当的位置并调整大小,按Enter键确认操作,在"图层"面板中生成新的图层并将其命名为"头像1"。按Alt+Ctrl+G组合键,为"头像1"图层创建剪贴蒙版,效果如图3-349所示。

图3-349

14 选择"横排文字工具" T,在适当的位置输入需要的文字。选择文字,在"字符"面板中,将"颜色"设为浅蓝色(R:132,G:144,B:166),其他选项的设置如图3-350所示,按Enter键确认操作,效果如图3-351所示,在"图层"面板中生成新的文字图层。

图3-350   图3-351

15 选择"椭圆2"图层,单击图层左侧的"空白"图标 ,显示该图层,效果如图3-352所示。

图3-352

16 单击"图层"面板下方的"添加图层样式"按钮 *fx*,在弹出的菜单中选择"渐变叠加"命令,弹出"图层样式"对话框。单击"渐变"选项右侧的"点按可编辑渐变"下拉列表框 ,弹出"渐变编辑器"对话框,单击色标,在"位置"选项中分别输入0、100两个位置点,分别设置两个位置点颜色的RGB值为(255、134、16)、(254、44、60),如图3-353所示。单击"确定"按钮,返回"图层样式"对话框,其他选项的设置如图3-354所示,单击"确定"按钮,效果如图3-355所示。

17 在"02"图像窗口中选择"相机"图层,选择"移动工具" ,将其拖曳到图像窗口中适当

的位置并调整大小,效果如图3-356所示,在"图层"面板中生成新的形状图层"相机"。

图3-353

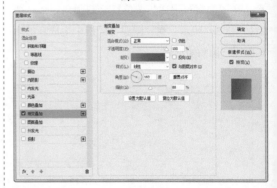

图3-354

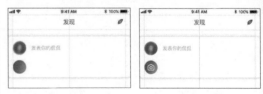

图3-355   图3-356

18 选择"横排文字工具" T,在适当的位置输入需要的文字。选择文字,在"字符"面板中,将"颜色"设为黑色,其他选项的设置如图3-357所示。按Enter键确认操作,效果如图3-358所示,在"图层"面板中生成新的文字图层。

图3-357   图3-358

19 按住Shift键的同时单击"椭圆 2"图层，再将需要的图层同时选中。按Ctrl+G组合键，群组图层并将其命名为"照片"，如图3-359所示。使用相同的方法制作"想法"和"位置"图层组，效果如图3-360所示。按住Shift键的同时单击"圆角矩形1"图层，再将需要的图层同时选中，按Ctrl+G组合键，群组图层并将其命名为"发表"，如图3-361所示。

图3-359　　　　　　图3-360

图3-361

20 选择"视图 > 新建参考线"命令，弹出"新建参考线"对话框。在446像素（距离上方参考线30像素）的位置新建一条水平参考线，设置如图3-362所示，单击"确定"按钮，完成参考线的创建，效果如图3-363所示。用相同的方法，在1526像素的位置新建一条水平参考线，如图3-364所示。

21 选择"圆角矩形工具" ，在属性栏中将"填充"颜色设为白色，"半径"选项设为26像素，在图像窗口中适当的位置绘制圆角矩形，效果如图3-365所示，在"图层"面板中生成新的形状图层 "圆角矩形2"。单击"图层"面板下方的"添加图层样式"按钮 fx ，在弹出的菜单中选

择"投影"命令，弹出"图层样式"对话框，将投影颜色设为黑色，其他选项的设置如图3-366所示，单击"确定"按钮，效果如图3-367所示。

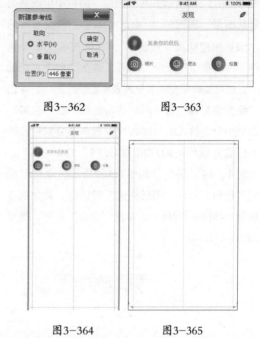

图3-362　　　　　　图3-363

图3-364　　　　　　图3-365

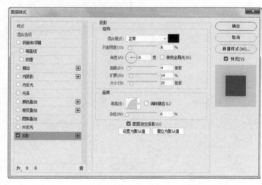

图3-366

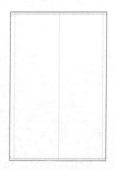

图3-367

22 选择"椭圆工具" ，按住Shift键的同时在图像窗口中拖曳鼠标绘制圆形。在属性栏中将"填充"颜色设为黑色，"描边"颜色设为无，效果如图3-368所示，在"图层"面板中生成新的形状图层"椭圆5"。单击"图层"面板下方的"添加图层样式"按钮 fx，在弹出的菜单中选择"渐变叠加"命令，单击"渐变"选项右侧的"点按可编辑渐变"下拉列表框，弹出"渐变编辑器"对话框。单击色标，在"位置"选项中分别输入0、100两个位置点，分别设置两个位置点颜色的RGB值为（255、134、16）、（254、44、60），如图3-369所示。单击"确定"按钮，返回"图层样式"对话框，其他选项的设置如图3-370所示，单击"确定"按钮，效果如图3-371所示。

23 选择"椭圆工具" ，按住Shift键的同时在图像窗口中拖曳鼠标绘制圆形，在"图层"面板中生成新的形状图层"椭圆6"。在属性栏中将"填充"颜色设为黑色，"描边"颜色设为无，效果如图3-372所示。

24 选择"文件 > 置入嵌入对象"命令，弹出"置入嵌入的对象"对话框，选择学习资源中的"Ch03 > 素材 > 制作侃侃App界面 > 制作侃侃App首页 > 04"文件，单击"置入"按钮，将图片置入图像窗口中。将图片拖曳到适当的位置并调整大小，按Enter键确认操作，效果如图3-373所示，在"图层"面板中生成新的图层并将其命名为"头像2"。按Alt+Ctrl+G组合键，为"头像2"图层创建剪贴蒙版，效果如图3-374所示。

图3-368　　　　　图3-369

图3-372　　　图3-373　　　图3-374

25 选择"横排文字工具" ，在适当的位置输入需要的文字。选择文字，在"字符"面板中，将"颜色"设为黑色，其他选项的设置如图3-375所示，按Enter键确认操作，效果如图3-376所示。使用相同的方法输入其他文字，在"字符"面板中，将"颜色"设为浅蓝色（R:162，G:169，B:183），其他选项的设置如图3-377所示，按Enter键确认操作，效果如图3-378所示。使用相同的方法输入其他文字，效果如图3-379所示，在"图层"面板中分别生成新的文字图层。

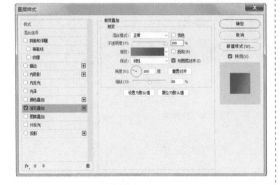

图3-370

图3-371

 韩笑新增了14张照片

图3-375　　　　　图3-376

106

图3-377

图3-378

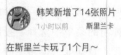

图3-379

26 在"02"图像窗口中分别选择"定位"和"更多"图层，选择"移动工具" ⊕ ，将其拖曳到图像窗口中适当的位置并调整大小，效果如图3-380所示，在"图层"面板中生成新的形状图层"定位"和"更多"。在"图层"面板中，选择"更多"图层，按住Shift键的同时单击"椭圆5"图层，再将需要的图层同时选中。按Ctrl+G组合键，群组图层并将其命名为"更多"，如图3-381所示。

图3-380　　　　　图3-381

27 选择"矩形工具" □ ，在属性栏的"选择工具模式"下拉列表框中选择"形状"选项，将"填充"颜色设为黑色，"描边"颜色设为无。在图像窗口中适当的位置绘制矩形，效果如图3-382所示，在"图层"面板中生成新的形状图层"矩形1"。

28 选择"文件 > 置入嵌入对象"命令，弹出"置入嵌入的对象"对话框，选择学习资源中的

"Ch03 > 素材 > 制作侃侃App界面 > 制作侃侃App首页 > 05"文件，单击"置入"按钮，将图片置入图像窗口中。将其拖曳到适当的位置并调整大小，按Enter键确认操作，效果如图3-383所示，在"图层"面板中生成新的图层并将其命名为"照片1"。按Alt+Ctrl+G组合键，为"照片1"图层创建剪贴蒙版，效果如图3-384所示。

图3-382

图3-383　　　　　图3-384

29 使用相同的方法制作其他图片，效果如图3-385所示。用上述方法群组图层，并将其命名为"照片"。在"02"图像窗口中选择"喜欢"图层，选择"移动工具" ⊕ ，将其拖曳到图像窗口中适当的位置并调整大小，效果如图3-386所示，在"图层"面板中生成新的形状图层"喜欢"。

图3-385　　　　　图3-386

30 选择"横排文字工具" $\boxed{T}$ ，在适当的位置输入需要的文字。选择文字，在"字符"面板中，将"颜色"设为黑色，其他选项的设置如图3-387所示。按Enter键确认操作，效果如图3-388所示，在"图层"面板中生成新的文字图层。

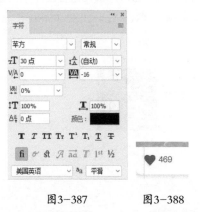

图3-387　　　　　图3-388

31 使用相同的方法，将需要的形状图层拖曳到适当的位置并输入文字，效果如图3-389所示。在"图层"面板中，按住Shift键的同时单击"喜欢"图层，再将需要的图层同时选中。按Ctrl+G组合键，群组图层并将其命名为"评论栏"。按住Shift键的同时单击"圆角矩形2"图层，再将需要的图层同时选中。按Ctrl+G组合键，群组图层并将其命名为"韩笑"，如图3-390所示。

图3-389　　　　　图3-390

32 选择"视图 > 新建参考线"命令，弹出"新建参考线"对话框，在1556像素（距离上方参考线30像素）的位置新建一条水平参考线，设置如图3-391所示，单击"确定"按钮，完成参考线的创

建，效果如图3-392所示。用相同的方法，在2256像素（距离上方参考线700像素）的位置新建一条水平参考线，效果如图3-393所示。

33 选择"圆角矩形工具" $\boxed{\square}$ ，在属性栏中将"填充"颜色设为白色，"半径"选项设为26像素，在图像窗口中适当的位置绘制圆角矩形，效果如图3-394所示，在"图层"面板中生成新的形状图层"圆角矩形3"。单击"图层"面板下方的"添加图层样式"按钮 fx ，在弹出的菜单中选择"投影"命令，弹出"图层样式"对话框，将投影颜色设为黑色，其他选项的设置如图3-395所示，单击"确定"按钮，效果如图3-396所示。

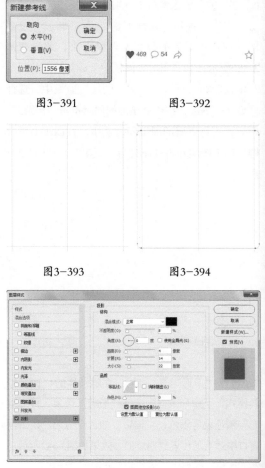

图3-391　　　　　图3-392

图3-393　　　　　图3-394

图3-395

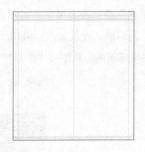

图3-396

34 用上述的方法制作图片、文字和形状，效果如图3-397所示。选择"矩形工具" ▢ ，在图像窗口中适当的位置绘制矩形，在属性栏中将"填充"颜色设为黑色，"描边"颜色设为无，效果如图3-398所示，在"图层"面板中生成新的形状图层"矩形6"。

图3-397   图3-398

35 选择"文件 > 置入嵌入对象"命令，弹出"置入嵌入的对象"对话框，选择学习资源中的"Ch03 > 素材 > 制作侃侃App界面 > 制作侃侃App首页 > 11"文件，单击"置入"按钮，将图片置入图像窗口中。将图片拖曳到适当的位置并调整其大小，按Enter键确认操作，在"图层"面板中生成新的图层并将其命名为"视频"。按Alt+Ctrl+G组合键，为"视频"图层创建剪贴蒙版，效果如图3-399所示。

图3-399

36 使用上述方法拖曳需要的形状到适当的位置并输入文字，效果如图3-400所示。用上述方法群组图层并将其命名为"李一然"，如图3-401所示。

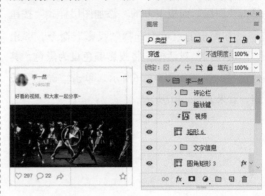

图3-400   图3-401

37 选择"视图 > 新建参考线"命令，弹出"新建参考线"对话框，在2286像素（距离上方参考线30像素）的位置新建一条水平参考线，设置如图3-402所示，单击"确定"按钮，完成参考线的创建，效果如图3-403所示。用相同的方法，在3106像素（距离上方参考线820像素）的位置新建一条水平参考线，效果如图3-404所示。

图3-402   图3-403

图3-404

38 选择"圆角矩形工具" ▢ ，在属性栏中将"填充"颜色设为白色，"描边"颜色设为无，

"半径"选项设为26像素，在图像窗口中适当的位置绘制圆角矩形，在"图层"面板中生成新的形状图层"圆角矩形4"，效果如图3-405所示。单击"图层"面板下方的"添加图层样式"按钮 fx，在弹出的菜单中选择"投影"命令，弹出"图层样式"对话框，将投影颜色设为黑色，其他选项的设置如图3-406所示，单击"确定"按钮，效果如图3-407所示。

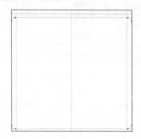

图3-405

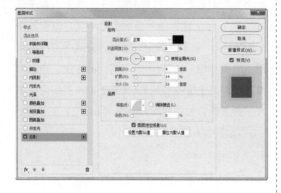

图3-406

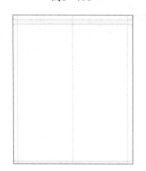

图3-407

39 用上述的方法制作图片、文字和形状，效果如图3-408所示。选择"矩形工具" □，在属性

栏中将"填充"颜色设为黑色，在图像窗口中适当的位置绘制矩形，效果如图3-409所示，在"图层"面板中生成新的形状图层"矩形7"。

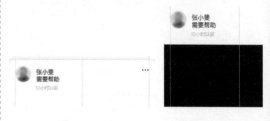

图3-408　　　　　　　　图3-409

40 单击"图层"面板下方的"添加图层样式"按钮 fx，在弹出的菜单中选择"渐变叠加"命令，弹出"图层样式"对话框。单击"渐变"选项右侧的"点按可编辑渐变"下拉列表框 ，弹出"渐变编辑器"对话框。单击色标，在"位置"选项中分别输入0、100两个位置点，分别设置两个位置点颜色的RGB值为（255、134、16）、（254、44、60），如图3-410所示。单击"确定"按钮，返回到"图层样式"对话框，其他选项的设置如图3-411所示，单击"确定"按钮，效果如图3-412所示。

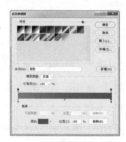

图3-410

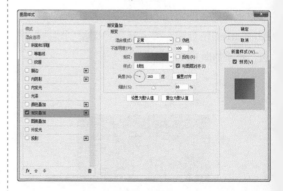

图3-411

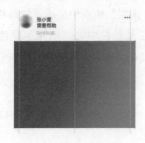

图3-412

41 选择"横排文字工具" **T** ，在适当的位置输入需要的文字。选择文字，在"字符"面板中，将"颜色"设为白色，其他选项的设置如图3-413所示。按Enter键确认操作，在"图层"面板中生成新的文字图层，效果如图3-414所示。

图3-413　　　　　图3-414

42 使用相同的方法拖曳需要的形状到适当的位置并输入文字，效果如图3-415所示。用上述方法群组图层并将其命名为"张小斐"，如图3-416所示。

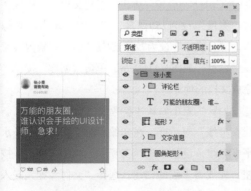

图3-415　　　　图3-416

43 选择"视图 > 新建参考线"命令，弹出"新建参考线"对话框，在3136像素（距离上方参考线30像素）的位置新建一条水平参考线，设置如图3-417所示。单击"确定"按钮，完成参考线的创建，效果如图3-418所示。

图3-417　　　　　　图3-418

44 使用相同的方法拖曳需要的形状到适当的位置并输入文字，效果如图3-419所示。用上述方法群组图层并将其命名为"张明"，如图3-420所示。

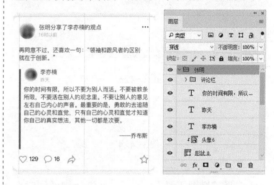

图3-419　　　　　图3-420

45 选择"圆角矩形工具" □ ，在属性栏中将"填充"颜色设为白色，在距离上方圆角矩形30像素的位置绘制圆角矩形，在"图层"面板中生成新的形状图层"圆角矩形6"。在"属性"面板中设置参数，如图3-421所示，按Enter键确认操作，效果如图3-422所示。

46 单击"图层"面板下方的"添加图层样式"按钮 fx ，在弹出的菜单中选择"投影"命令，弹出"图层样式"对话框。将投影颜色设为黑色，其他选项的设置如图3-423所示，单击"确定"按钮，效果如图3-424所示。

图3-421   图3-422

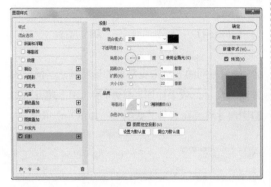

图3-423

图3-424

47 选择"椭圆工具"○，按住Shift键的同时在图像窗口中拖曳鼠标绘制圆形。在属性栏中将"填充"颜色设为黑色，"描边"颜色设为无，效果如图3-425所示，在"图层"面板中生成新的形状图层"椭圆11"。在"02"图像窗口中选择"主页"图层，选择"移动工具"⊕，将其拖曳到图像窗口中适当的位置并调整大小，效果如图3-426所示，在"图层"面板中生成新的形状图层"主页"。

图3-425   图3-426

48 用相同的方法拖曳其他需要的形状到适当的位置，效果如图3-427所示。选择"椭圆工具"○，按住Shift键的同时在图像窗口中适当的位置绘制

圆形，在"图层"面板中生成新的形状图层"椭圆12"。在属性栏中将"填充"颜色设为红色（R:255，G:0，B:0），效果如图3-428所示。

图3-427   图3-428

49 选择"横排文字工具"T，在适当的位置输入需要的文字。选择文字，在"字符"面板中，将"颜色"设为白色，其他选项的设置如图3-429所示，按Enter键确认操作，在"图层"面板中生成新的文字图层，效果如图3-430所示。在"图层"面板中，按住Shift键的同时单击"圆角矩形6"图层，再将需要的图层同时选中。按Ctrl+G组合键，群组图层并将其命名为"标签栏"。侃侃App首页制作完成。

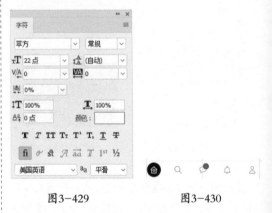

图3-429   图3-430

4. 制作侃侃App消息列表页

01 按Ctrl+N组合键，弹出"新建文档"对话框，将"宽度"设为750像素，"高度"设为1334像素，"分辨率"设为72像素/英寸，"背景内容"设为白色，如图3-431所示，单击"创建"按钮，完成文档的创建。

02 选择"视图 > 新建参考线"命令，弹出"新建参考线"对话框，在40像素的位置新建一条水平参考线，设置如图3-432所示，单击"确定"按钮，完成参考线的创建。选择"文件 >置入嵌入对象"命令，弹出"置入嵌入的对象"对话框，选择学习资源中的"Ch03 > 素材 >制作侃侃App界面> 制作侃侃App消息列表页> 01"文件，单击"置入"按钮，将图片置入图像窗口中。将图片拖曳到适当的位置，按Enter键确认操作，效果如图3-433所示，在"图层"面板中生成新的图层并将其命名为"状态栏"。

图3-431

图3-432　　　　　　　图3-433

03 选择"视图 > 新建参考线"命令，弹出"新建参考线"对话框，在128像素（距离上方参考线88像素）的位置新建一条水平参考线，设置如图3-434所示，单击"确定"按钮，完成参考线的创建，效果如图3-435所示。用相同的方法在32像素的位置创建一条垂直参考线，设置如图3-436所示，单击"确定"按钮，完成参考线的创建，效果如图3-437所示。

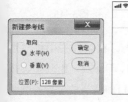

图3-434　　　　　　　图3-435

图3-436　　　　　　　图3-437

04 用相同的方法，在718像素（距离右侧32像素）的位置新建一条垂直参考线，效果如图3-438所示。

图3-438

05 选择"横排文字工具" T.，在适当的位置输入需要的文字。选择文字，在"字符"面板中，将"颜色"设为黑色，其他选项的设置如图3-439所示，效果如图3-440所示，在"图层"面板中生成新的文字图层。

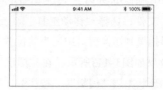

图3-439　　　　　　　图3-440

06 用相同的方法，选择"横排文字工具" T.，在适当的位置输入需要的文字。选择文字，在"字符"面板中，将"颜色"设为灰色（R:136，G:145，B:164），其他选项的设置如图3-441所示，效果如图3-442所示，在"图层"面板中生成新的文字图层。

图3-441 　　　　　　　图3-442

07 按Ctrl+O组合键,打开学习资源中的"Ch03>素材>制作侃侃App界面>制作侃侃App消息列表页> 02"文件,选择"移动工具" ⊕,将"编辑"图形拖曳到图像窗口中适当的位置并调整其大小,效果如图3-443所示,在"图层"面板中生成新的形状图层"编辑"。按住Shift键的同时单击"消息"图层,再将需要的图层同时选中。按Ctrl+G组合键,群组图层并将其命名为"导航栏",如图3-444所示。

图3-443 　　　　　　　图3-444

08 选择"视图 > 新建参考线"命令,弹出"新建参考线"对话框,在168像素(距离上方参考线40像素)的位置新建一条参考线,设置如图3-445所示,单击"确定"按钮,完成参考线的创建,效果如图3-446所示。用相同的方法,在288像素(距离上方参考线120像素)的位置新建一条水平参考线,效果如图3-447所示。

图3-445

图3-446 　　　　　　　图3-447

09 选择"椭圆工具" ○,按住Shift键的同时在图像窗口中适当的位置绘制圆形。在属性栏中将"填充"颜色设为黑色,"描边"颜色设为无,效果如图3-448所示,在"图层"面板中生成新的形状图层"椭圆1"。单击属性栏中的"路径操作"按钮 ▫,在弹出的菜单中选择"减去顶层形状"命令,按住Alt+Shift组合键的同时在图像窗口中拖曳鼠标绘制圆形,效果如图3-449所示。

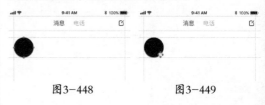

图3-448 　　　　　　　图3-449

10 选择"文件 > 置入嵌入对象"命令,弹出"置入嵌入的对象"对话框,选择学习资源中的"Ch03 > 素材 >制作侃侃App界面 > 制作侃侃App消息列表页> 03"文件,单击"置入"按钮,将图片置入图像窗口中。将图片拖曳到适当的位置并调整大小,按Enter键确认操作,效果如图3-450所示,在"图层"面板中生成新的图层并将其命名为"头像1"。按Alt+Ctrl+G组合键,为"头像1"图层创建剪贴蒙版,效果如图3-451所示。

图3-450 　　　　　　　图3-451

11 选择"椭圆工具" ○,在属性栏中将"填充"颜色设为绿色(R:44,G:197,B:50),按住Shift键的同时在图像窗口中适当的位置绘制圆形,在"图层"面板中生成新的形状图层"椭圆

2"，效果如图3-452所示。

图3-452

12 选择"横排文字工具" T.，在适当的位置输入需要的文字。选择文字，在"字符"面板中，将"颜色"设为黑色，其他选项的设置如图3-453所示，按Enter键确认操作，效果如图3-454所示，在"图层"面板中生成新的文字图层。

图3-453　　　　　图3-454

13 用相同的方法，在适当的位置输入需要的文字。选择文字，在"字符"面板中，将"颜色"设为浅蓝色（R:136，G:145，B:164），其他选项的设置如图3-455所示，按Enter键确认操作，效果如图3-456所示，在"图层"面板中生成新的文字图层。使用相同的方法输入其他文字，效果如图3-457所示。

图3-455　　　　　图3-456

图3-457

14 选择"椭圆工具" ○.，在属性栏中将"填充"颜色设为深粉色（R:254，G:32，B:66），

"描边"颜色设为无，按住Shift键的同时在图像窗口中适当的位置绘制圆形，在"图层"面板中生成新的形状图层"椭圆3"，效果如图3-458所示。

图3-458

15 选择"横排文字工具" T.，在适当的位置输入需要的文字。选择文字，在"字符"面板中，将"颜色"设为白色，其他选项的设置如图3-459所示，按Enter键确认操作，在"图层"面板中生成新的文字图层，效果如图3-460所示。按住Shift键的同时选择"椭圆 1"图层，按Ctrl+G组合键，群组图层并将其命名为"田恩瑞"。

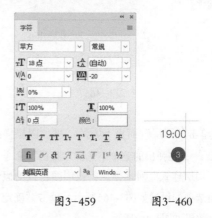

图3-459　　　　　图3-460

16 选择"视图 > 新建参考线"命令，弹出"新建参考线"对话框，在318像素（距离上方参考线30像素）的位置新建一条水平参考线，设置如图3-461所示，单击"确定"按钮，完成参考线的创建，如图3-462所示。使用上述方法制作其他人物栏，效果如图3-463所示。

17 选择"圆角矩形工具" ○.，在属性栏中将"填充"颜色设为白色，在距离上方圆角矩形30像素的位置绘制圆角矩形，在"图层"面板中生成新的形状图层"圆角矩形1"。在"属性"面板中设置参数，如图3-464所示，按Enter键确认操作，效果如图3-465所示。

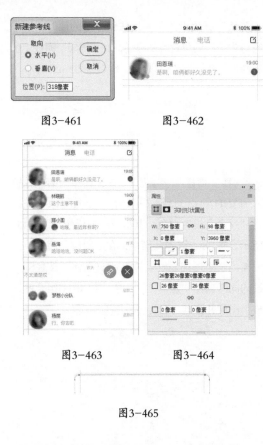

图3-461　　　　　　　图3-462

图3-463　　　　　　　图3-464

图3-465

18 单击"图层"面板下方的"添加图层样式"按钮 *fx.*，在弹出的菜单中选择"投影"命令，弹出"图层样式"对话框。将投影颜色设为黑色，其他选项的设置如图3-466所示，单击"确定"按钮，效果如图3-467所示。

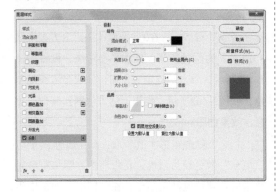

图3-466

图3-467

19 在"02"图像窗口中选择"主页"图层，选择"移动工具" ⊕.，将其拖曳到图像窗口中适当的位置并调整大小，效果如图3-468所示，在"图层"面板中生成新的形状图层"主页"。选择"椭圆工具" ○.，按住Shift键的同时在图像窗口中适当的位置绘制圆形，在属性栏中将"填充"颜色设为黑色，"描边"颜色设为无，在"图层"面板中生成新的形状图层"椭圆7"，效果如图3-469所示。

图3-468　　　　　　　图3-469

20 用相同的方法拖曳其他需要的形状到适当的位置，效果如图3-470所示。选择"椭圆工具" ○.，按住Shift键的同时在图像窗口中适当的位置绘制圆形。在属性栏中将"填充"颜色设为红色（R:255，G:0，B:0），"描边"颜色设为无，效果如图3-471所示，在"图层"面板中生成新的形状图层"椭圆8"。

图3-470　　　　　　　图3-471

21 选择"横排文字工具" T.，在适当的位置输入需要的文字。选择文字，在"字符"面板中，将"颜色"设为白色，其他选项的设置如图3-472所示，按Enter键确认操作，在"图层"面板中生成新的文字图层，效果如图3-473所示。按住Shift键的同时单击"圆角矩形 1"图层，再将需要的图层全部选中，按Ctrl+G组合键，群组图层并将其命名为"标签栏"。侃侃App消息列表页制作完成。

图3-472　　　　　　　图3-473

3.6 课堂练习——制作美食到家 App界面

【练习学习目标】学会使用不同的绘图工具绘制图形，能为图形添加特殊效果，能应用"移动工具"移动装饰图片来制作App界面。

【练习知识要点】使用"移动工具"移动素材，使用"椭圆工具"和"圆角矩形工具"绘制图形，使用"投影"和"渐变叠加"图层样式为图形添加特殊效果，使用"置入嵌入对象"命令置入图片，使用"创建剪贴蒙版"命令调整图片显示区域，使用"横排文字工具"输入文字，效果如图3-474所示。

【效果所在位置】Ch03\效果\制作美食到家 App界面。

图3-474

【习题学习目标】学会使用不同的绘图工具绘制图形，能为图形添加特殊效果，能应用"移动工具"移动装饰图片来制作App界面。

【习题知识要点】使用"移动工具"移动素材，使用"椭圆工具"和"圆角矩形工具"绘制图形，使用"投影"和"渐变叠加"图层样式为图形添加特殊效果，使用"置入嵌入对象"命令置入图片，使用"创建剪贴蒙版"命令调整图片显示区域，使用"横排文字工具"输入文字，效果如图3-475所示。

【效果所在位置】Ch03\效果\制作美食来了App界面。

图3-475

第 *4* 章

网页界面设计

本章介绍

由于设备的不同，网页界面设计相对于App界面设计，有着更加丰富的内容。本章将对网页界面的基础知识、设计规范、常用类型及绘制方法进行系统的讲解与演练。通过对本章的学习，读者可以对网页界面设计有一个基本的认识，并快速掌握绘制网页常用界面的规范和方法。

学习目标

◆ 了解网页界面设计的基础知识
◆ 掌握网页界面设计的规范
◆ 认识网页常用界面类型

技能目标

◆ 掌握家居类网站首页的绘制方法
◆ 掌握家居类网站产品列表页的绘制方法
◆ 掌握家居类网站产品详情页的绘制方法

4.1 网页界面设计基础知识

网页界面设计的基础知识包括网页界面设计的概念、网页界面设计的流程及网页界面设计的原则。

4.1.1 网页界面设计的概念

网页界面设计（Web UI design，WUI），主要是根据企业希望向用户传递的信息进行网站功能策划，然后进行页面设计、美化的工作。网页界面设计涵盖了制作和维护网站的许多不同的技能和学科，其包含了信息架构设计、网页图形设计、用户界面设计、用户体验设计，以及品牌标识设计和Banner设计等，如图4-1所示。

图4-1 网页界面设计效果展示

4.1.2 网页界面设计的流程

网页界面的设计流程可以按照网站策划、交互设计、交互自查、界面设计、界面测试、设计验证的步骤来进行，如图4-2所示。

图4-2 网页设计流程

1.网站策划

网页界面的设计是根据品牌的调性、网站的定位而进行的，不同主题的网页，设计风格也会有所区别，如图4-3所示。因此我们要先分析用户需求及产品功能，了解用户特征，再进行相关竞品的调研，明确设计方向。

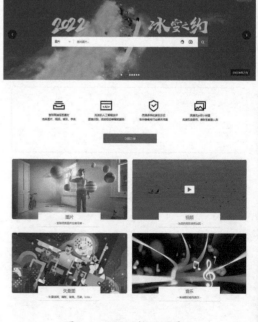

图4-3 不同风格网页展示

图4-3 不同风格网页展示（续）

2.交互设计

交互设计是对整个网站设计进行初步构思和确定的一个阶段，一般需要进行架构设计、流程图设计、低保真原型设计、线框图设计等具体工作，如图4-4所示。为了方便后续的界面设计工作，低保真原型和线框图的设计与制作应直接在视觉设计软件Photoshop或Sketch中进行。

3.交互自查

交互设计完成之后，进行交互自查是整个网页设计流程非常重要的一个阶段。其可以在进行界面设计之前检查出是否有遗漏缺失的细节问题，具体可以参考App界面设计中的交互设计自查表。

4.界面设计

线框图审查通过，就可以进入界面的视觉设计阶段了，这个阶段的设计图就是产品最终呈现给用户的界面。界面设计要求设计规范，图片、文字内容真实，并运用Axure PR、Principle等软件或直接运用代码语言制作成可交互的高保真原型，以便后续的界面测试，如图4-5所示。

图4-4 网站低保真原型设计

图4-5 网站界面动效

5.界面测试

界面测试阶段是让具有代表性的用户进行典型操作，设计人员和开发人员在此阶段共同观察、记录。在测试阶段可以对界面设计的相关细节进行调整。

6.设计验证

设计验证是设计流程的最后一个阶段，是为网站进行优化的重要支撑。在网站正式上线后，通过用户的数据反馈进行记录，验证前期的设计，并继续优化，如图4-6所示。

图4-6 数据分析产品GrowingIO针对网页进行的用户数据分析，设计师可根据相关数据进行前期的验证及产品优化

4.1.3 网页界面设计的原则

网页界面设计有直截了当、简化交互、足不出户、提供邀请、巧用过渡、即时反应六大原则。

1.直截了当

直截了当即"所见即所得"的操作原则。例如，让用户不要为了编辑内容而打开另一个页面，直接在当前页面实现编辑，如图4-7所示。

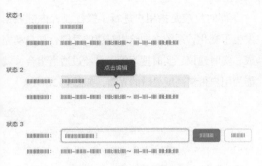

图4-7 直截了当的操作

2.简化交互

充分理解用户的意图，令用户操作简便，不为用户制造麻烦。通过使用页面内容中的操作工具，令操作和内容更好地融合，从而简化交互，如图4-8所示。

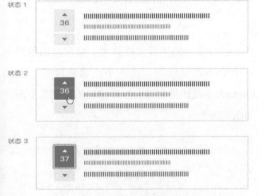

图4-8 将交互操作和信息内容进行更好的融合。在状态1中信息内容左侧设计了一个可单击的控件，当鼠标指针悬停时，变成了状态2，此时鼠标指针变为手型，底色也发生了变化，提醒用户进行单击。当用户单击后，变成了状态3，此时和未点击前的状态有了明显的不同

3.足不出户

任何页面频繁刷新和跳转都会引起盲视，打断用户心流（Flow，是一种将个人精神力完全投入到某种活动上的感觉）。适当地运用覆盖层、嵌入层，虚拟页面及流程处理等方法，实现不打断用户心流的目的，如图4-9所示。

图4-9 列表嵌入层：通过单击左侧的展开控件，用于查看某条列表项的详情信息，以此保证用户不必跳转页面，打断心流

4.提供邀请

邀请是用于引导用户进入下一个交互层次的暗示和提醒。例如"拖放""行内编辑""上下文工具"等一大堆交互需要处理时，都面临容易被用户忽视的问题。所以向用户提供预期功能邀请、引导操作邀请及白板式邀请等是顺利完成人机交互的关键，如图4-10所示。

图4-10 （上图）列表嵌入层：通过单击左侧的展开控件，可以查看某条列表项的详情信息，以此保证用户不必跳转页面，打断心流（下图）白板式邀请：在没有活动时，通过醒目的按钮邀请用户创建活动

5.巧用过渡

在界面中，适当地加入一些翻转、传送带及滑入滑出等过渡效果，如图4-11所示，能让界面生动有趣，同时也能向用户揭示界面元素间的关系。

图4-11 滑入滑出过渡效果

6.即时反应

即时反应是指用户进行了操作或者内部数据发生了变化，系统立即给出对应的反馈，如自动完成、实时建议、实时搜索等工具经过适当组合，就能为用户带来高度灵敏的界面，如图4-12所示。

图4-12 实时搜索：随着用户输入，实时显示搜索结果

4.2 网页界面设计的规范

网页界面设计的规范可以通过尺寸、结构、布局及文字4个方面进行详尽的剖析。

4.2.1 网页界面设计的尺寸

1.相关单位

（1）英寸

英寸（inch，in）是英式的长度单位，1英寸=2.54厘米。许多显示设备经常用英寸来表示大小。目前主流的台式计算机的显示器尺寸一般为21.5英寸、24英寸、27英寸、32英寸，主流的笔记本电脑的屏幕尺寸一般为13.3英寸、14英寸、15.6英寸，如图4-13所示。

图4-13 27英寸的iMac(左)

15.6英寸的MacBook Pro（右）

（2）像素

像素（pixel，px）是组成屏幕画面最小的点。把屏幕中的图像无限放大，会发现图像是由一个个小点组成的，这些小点就是像素。使用Photoshop设计界面的设计师使用的单位都是px，如图4-14所示。

图4-14 在Photoshop中设置网页界面的单位

（3）分辨率

分辨率（resolution）即屏幕中像素的数量，它等于画面水平方向的像素值乘以画面垂直方向的像素值。屏幕尺寸一样的情况下，分辨率越高，显示效果就越精细、细腻，如14英寸屏幕的分辨率是1366px×768px，

也有的是1920px×1080px，如图4-15所示。1920px×1080px的显示效果会比1366px×768px的好。

图4-15　1366px×768px（左）1920px×1080px（右）

2.设计尺寸

（1）页面宽度

网页设计中常用的尺寸及比例如图4-16所示。在进行界面设计时，结合用户使用习惯，以及为了能够适应宽度至少为1920px的屏幕，通常都是以1920px×1080px为基准的。使用Photoshop设计界面时推荐创建宽度为1920px的画布，高度根据网页的要求设定即可。

屏幕宽度（px）	屏幕最小高度（px）	比例
1920	1080	19.22%
1366	768	17.59%
1536	864	5.38%
360	640	4.68%
1600	900	4.67%
1440	900	4.52%
1024	768	3.71%
1360	768	3.19%
1280	1024	3.04%
1280	720	2.82%

图4-16　网页设计中常用尺寸及比例

只要设计出宽度为1920px的设计稿，就可以通过前端实现响应式设计，适配各种移动设备，满足用户浏览需求了。遇到如电商类等比较复杂的功能性网站，需要单独设计移动端网页。此时以iPhone 6/6s/7/8为基准，将宽度设为750px，方便所有移动设备的适配。

（2）安全宽度

安全宽度即内容的安全区域，是一个承载页面元素的固定宽度值，目的是确保网页在不同的分辨率下都可以正常显示页面中的元素。在宽度为1920px的设计尺寸中，常用安全宽度如图4-17所示。

常用平台	淘宝	天猫	京东	Bootstrap 3.x	Bootstrap 4.x
安全宽度	950px	990px	990px	1170px	1200px

图4-17　宽度为1920px的设计尺寸中的安全宽度

其中Bootstrap是前端的开发框架，因此除淘宝、天猫和京东等平台具有固定的安全宽度以外，其他网站在1920px的网页尺寸上设置的安全宽度通常采用Bootstrap4.x的安全宽度1200px。

（3）首屏高度

当用户打开计算机或移动设备的浏览器时，在不滚动屏幕的情况下，第一眼看到的画面就是首屏高度。有研究认为，首屏以上的页面关注度为80.3%，首屏以下的页面关注度仅有19.7%，因此首屏对网站设计有着极大的重要性。首屏高度需要去掉浏览器菜单栏及状态栏的高度，如图4-18所示。

浏览器	状态栏	菜单栏	滚动条
Chrome 浏览器	22 px（浮动出现）	60 px	15 px
火狐浏览器	20 px	132 px	15 px
IE浏览器	24 px	120 px	15 px
360 浏览器	24 px	140 px	15 px
遨游浏览器	24 px	147 px	15 px
搜狗浏览器	25 px	163 px	15 px

图4-18　常用浏览器的状态栏、菜单栏和滚动条的高度

如果以1080px为基准，除掉任务栏、浏览器菜单栏及状态栏的高度，作为设计稿的首屏高度，到了其他分辨率较低的屏幕上，图片的核心内容会因为屏幕太矮而被剪裁掉。因此，综合分辨率及浏览器的统计数据，首屏高度建议为710px，核心内容安全高度建议为580px，如图4-19所示。

图4-19　首屏高度内容

4.2.2 网页界面设计的结构

网页界面主要由页头、内容主体、页脚组成，其中页头包含了网站标识、导航等元素，内容主体包含了横幅和内容相关的信息，页脚包含了导航、版权声明等元素，如图4-20所示。

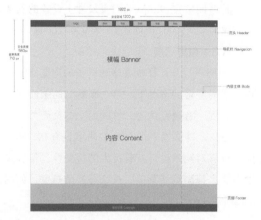

图4-20 网页界面设计的结构

4.2.3 网页界面设计的布局

1.网格系统

与App界面设计一样，在网页中，我们也可以利用一系列垂直和水平的参考线，将页面分割成若干个有规律的格子，再以这些格子为基准，进行页面的布局设计，使布局规范、简洁、有秩序，如图4-21所示。

2.组成元素

网页设计的网格系统也由列、水槽和边距3个元素组成，如图4-22所示。列是内容放置的区域；水槽是列与列之间的距离，有助于分离内容；边距是内容与屏幕左右边缘之间的距离。

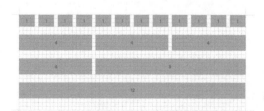

图4-21 网页界面设计的网格系统

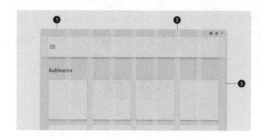

图4-22 ①列、②水槽和③边距

3.网格的运用

（1）单元格

常见的PC端网页单元格的最小单位有4px、6px、8px、10px、12px。目前主流计算机设备的屏幕分辨率在竖直与水平方向基本都可以被8整除，同时以8px作为单元格，视觉上也是能感受到较为明显的差异，因此推荐使用8px作为单元格的边长，如图4-23所示。

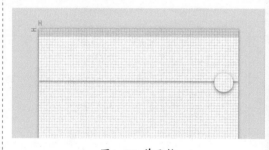

图4-23 单元格

（2）列

PC端网页常用12列和24列，如图4-24所示。12列在前端开发开源工具库Bootstrap与Foundation中广泛使用，适用于业务信息分组较少的中后台页面设计。24列适用于业务信息量大、信息分组较多的中后台页面设计。移动端网页则以6列和12列为主。

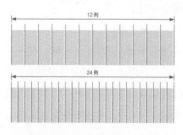

图4-24 PC端的12列和24列

另外，列也可以不根据单元格而设置，其数量的选择应结合网页的功能类型。其中单列通常在图文排版简洁的全屏设计时使用，双列常在博客、产品列表中使用，多列常用于瀑布流、图片展示等页面，如图4-25所示。

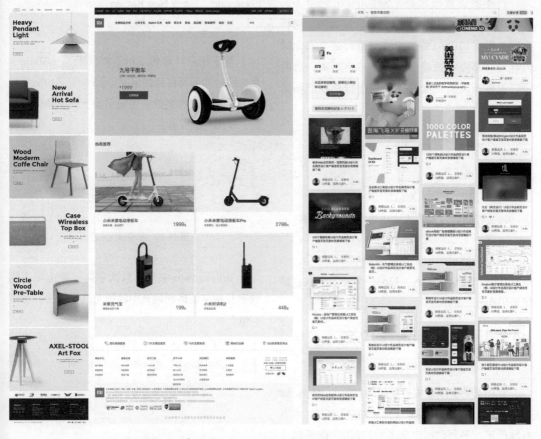

图4-25 单列（左）、双列（中）和多列（右）网页

（3）水槽

水槽及横向间距的宽度可以依照最小单元格8px为增量进行统一设置，如8px、16px、24px、32px、40px。其中24px最为常用，如图4-26所示。

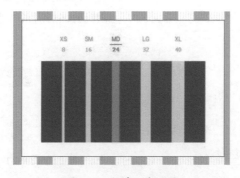

图4-26 水槽尺寸设置

移动端网页的水槽可根据App设计规范，一般有24px、30px、32px、40px，建议采用32px水槽。

（4）边距

边距的设置通常是水槽的0、0.5、1.0、1.5、2.0等倍数。以1920px的设计稿为例，网格系统一般在1200px的安全区域进行建立，此时内容与屏幕左右边缘已经有了一定距离，边距可以根据画面美观度及呼吸感进行选择，如图4-27所示。

图4-27 内容与屏幕左右边缘已经有了距离

移动端网页的边距可根据App设计规范，一般有20px、24px、30px、32px、40px及50px，建议采用30px边距。

4.2.4 网页界面设计的文字

1.安全字体

Web安全字体是用户系统中自带的字体，如Windows系统的微软雅黑、Mac OS的苹方，如图4-28所示。另外CSS定义了5种通用字体系列：Serif 字体、Sans-serif字体、Monospace字体、Cursive字体、Fantasy字体。设计师可以大胆采用Web安全字体，常见的Web安全字体如图4-28所示。

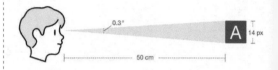

图4-28 字体根据开发优先级、设计美观度，从高到低进行排列

设计师在进行视觉设计时，中文通常使用微软雅黑、宋体、苹方，英文和数字通常使用Serif字体中的Helvetica、Arial，以及Sans-serif字体中的Georgia、Times New Roman。

2.字号大小

基于用户计算机显示器阅读距离（50cm）及大部分人的习惯阅读角度（0.3°），14px字号能够保证用户在多数常用显示器上的阅读体验最佳，如图4-29所示。

图4-29 字号大小选择

我们以14px字号为默认字体，并运用不同的字号和字重体现网页中的视觉信息层次，如图4-30所示。

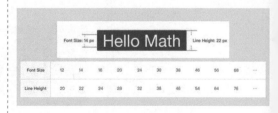

图4-30 不同的字号和字重

3.文字行高

不同的字号应设置对应的行高，这样才可以维持网页中字体的"秩序之美"，如图4-31所示。

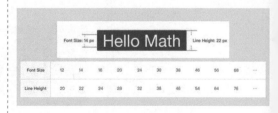

图4-31 文字行高设置

4.3 网页设计常用界面类型

网页界面设计是影响整个网站用户体验的关键所在。在网页设计中，常用界面类型为首页、列表页、详情页、专题页、控制台页及表单页等。

1.首页

首页，又称为"主页"，通常是用户通过搜索引擎访问网站时所看到的首张页面。首页是用户了解网站的第一步，通常会包含产品展示图、产品介绍信息、用户登录及注册入口等，如图4-32所示。

图4-32 首页

2.列表页

列表页，又称为"List页"，是对信息进行归类管理，方便用户能快速查看及操作的页面。在列表页中，设计的关键在于信息的可阅读性及可操作性，如图4-33所示。

图4-33 列表页

3.详情页

详情页是产品信息的主要承载页面，对于信息效率和优先级判定有一定的要求。清晰的布局能令用户快速看到关键信息，提高决策效率，如图4-34所示。

图4-34 详情页

4.专题页

专题页是针对特定的主题而制作的页面，包括网站相应模块、频道所涉及的功能及该主题事件的内容。专题页信息丰富、设计精美，会吸引大量的用户，如图4-35所示。

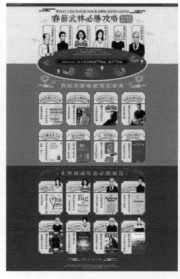

图4-35 专题页

5.控制台页

控制台页，又称为"Dashboard"，集合了如数字、图形及文案等大量多样化的信息，需要非常明确地将关键信息展示给用户。在控制台页中，设计的关键是如何精简、清晰地向用户展示庞大而复杂的信息，如图4-36所示。

图4-36 控制台页

6.表单页

表单页通常用来执行登录、注册、预定、下单、评论等任务，是数据录入必不可少的页面。舒适的表单页设计，可以引导用户高效地完成表单背后的工作流程，如图4-37所示。

图4-37 表单页

4.4 课堂案例——制作装饰家居电商网站界面

4.4.1 制作装饰家居电商网站首页

【案例学习目标】学会使用绘图工具、文字工具和图层蒙版制作装饰家居电商网站首页。

【案例知识要点】使用"置入嵌入对象"命令置入图片，使用图层蒙版调整图片显示区域，使用"横排文字工具"添加文字，使用"矩形工具"和"直线工具"绘制基本形状，效果如图4-38所示。

【效果所在位置】Ch04\效果\制作装饰家居电商网站界面\制作装饰家居电商网站首页.psd。

图4-38

01 按Ctrl+N组合键，弹出"新建文档"对话框，将"宽度"设为1920像素，"高度"设为5393像素，"分辨率"设为72像素/英寸，"背景内容"设为白色，如图4-39所示，单击"创建"按钮，完成文档的创建。

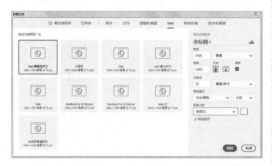

图4-39

02 选择"视图 > 新建参考线版面"命令，弹出"新建参考线版面"对话框，设置如图4-40所示。单击"确定"按钮，完成参考线的创建，效果如图4-41所示。

图4-40

03 选择"视图 > 新建参考线"命令，弹出"新建参考线"对话框，在1074像素的位置建立水平参考线，设置如图4-42所示。单击"确定"按钮，完成参考线的创建。

04 选择"矩形工具" □ ，在属性栏的"选择工具模式"下拉列表框中选择"形状"选项，将"填充"颜色设为蓝灰色（R:151，G:168，B:184），"描边"颜色设为无。在适当的位置绘制矩形，如图4-43所示，在"图层"面板中生成新的形状图层"矩形1"。

图4-41　　　　图4-42

图4-43

05 选择"文件 > 置入嵌入对象"命令，弹出"置入嵌入的对象"对话框，选择学习资源中的"Ch04 > 素材 > 制作装饰家居电商网站界面 > 制作装饰家居电商网站首页 > 01"文件，单击"置入"按钮，将图片置入图像窗口中。将其拖曳到适当的位置并调整大小，按Enter键确认操作，在"图层"控制面板中生成新的图层并将其命名为"台灯1"。按Alt+Ctrl+G组合键，为"台灯1"图层创建剪贴蒙版，效果如图4-44所示。

06 选中"台灯1"图层，按Ctrl+J组合键，在"图层"面板中复制生成新的图层，将其命名为"台灯2"。按Ctrl+T组合键，图像周围出现变换框，单击鼠标右键，在弹出的菜单中选择"水平翻转"命令，水平翻转图像，将其拖曳到适当的位置并调整大小，按Enter键确认操作。按Alt+Ctrl+G组合键，为"台灯2"图层创建剪贴蒙版，效果如图4-45所示。

将"颜色"设为白色，其他选项的设置如图4-50所示。按Enter键确认操作，效果如图4-51所示，在"图层"面板中生成新的文字图层。

图4-44

图4-46

图4-45

图4-47

07 选择"横排文字工具" T.，在距离上方参考线198像素的位置输入需要的文字。选择文字，选择"窗口 > 字符"命令，弹出"字符"面板，将"颜色"设为白色，其他选项的设置如图4-46所示，按Enter键确认操作。使用相同的方法再次在适当的位置输入文字。选择文字，在"字符"面板中的设置如图4-47所示，按Enter键确认操作，效果如图4-48所示，在"图层"面板中分别生成新的文字图层。

图4-48

08 选择"矩形工具" □.，在属性栏中将"填充"颜色设为无，"描边"颜色设为白色，"粗细"选项设为1像素。在适当的位置绘制矩形，如图4-49所示，在"图层"面板中生成新的形状图层"矩形2"。

09 选择"横排文字工具" T.，在适当的位置输入需要的文字。选择文字，在"字符"面板中，

图4-49

图4-50

图4-51

10 按Ctrl+O组合键，打开学习资源中的"Ch04 > 素材 > 制作装饰家居电商网站界面 > 制作装饰家居电商网站首页 > 02"文件，选择"移动工具" ⊕，将"更多"图形拖曳到适当的位置并调整大小，效果如图4-52所示，在"图层"面板中生成新的形状图层。

图4-52

11 按住Shift键的同时单击"矩形2"图层，再将需要的图层同时选中。按Ctrl+G组合键群组图层，并将其命名为"查看更多"，如图4-53所示。

12 选择"矩形工具" □，在属性栏中将"填

充"颜色设为白色，"描边"颜色设为无。在距离上方形状232像素的位置绘制矩形，如图4-54所示，在"图层"面板中生成新的形状图层"矩形3"。

图4-53

图4-54

13 选择"移动工具" ⊕，按住Alt+Shift组合键的同时水平向右拖曳图形到适当的位置，复制矩形，按Enter键确认操作，在"图层"面板中生成新的形状图层"矩形3 拷贝"。在"属性"面板中，设置"H"值为2像素，其他选项的设置如图4-55所示，按Enter键确认操作，效果如图4-56所示。使用相同的方法再次复制一个矩形，制作出图4-57所示的效果。

图4-55

14 选择"矩形工具" □，在图像窗口中适当的位置绘制矩形。在属性栏中将"填充"颜色设为白色，"描边"颜色设为无，如图4-58所

示，在"图层"面板中生成新的形状图层"矩形4"。

图4-56　　　　图4-57

图4-58

15 在"02"图像窗口中，选择"移动工具" ，将"上一个"图形拖曳到适当的位置并调整大小，效果如图4-59所示，在"图层"面板中生成新的形状图层。

图4-59

16 按住Shift键的同时单击"矩形4"图层，再将需要的图层同时选中。按Ctrl+G组合键群组图层，并将其命名为"上一个"。按Ctrl+J组合键，

复制图层组，在"图层"面板中将其命名为"下一个"，如图4-60所示。按Ctrl+T组合键，图像周围出现变换框，将选中的图形拖曳到适当的位置。单击鼠标右键，在弹出的菜单中选择"水平翻转"命令，水平翻转图像，按Enter键确认操作，效果如图4-61所示。

17 选择"矩形工具" ，在属性栏中将"填充"颜色设为红色（R:255，G:29，B:77），"描边"颜色设为无。在适当的位置绘制矩形，如图4-62所示，在"图层"面板中生成新的形状图层"矩形5"。

图4-60

图4-61

图4-62

135

18 在"02"图像窗口中，选择"移动工具" ⊕，将"购物车"图形拖曳到适当的位置并调整大小，效果如图4-63所示，在"图层"面板中生成新的形状图层。使用相同的方法，制作出图4-64所示的效果。

图4-63　图4-64

19 按住 Shift 键的同时单击"矩形 1"图层，再将需要的图层同时选中。按 Ctrl+G 组合键，群组图层并将其命名为"Banner"，如图 4-65 所示。

图4-65

20 在"02"图像窗口中，选择"移动工具" ⊕，将"购物车"图形拖曳到适当的位置并调整大小，如图4-66所示，在"图层"面板中生成新的形状图层。

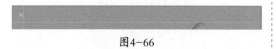

图4-66

21 选择"横排文字工具" T，在距离下方参考线46像素的位置输入需要的文字。选择文字，在"字符"面板中，将"颜色"设为白色，其他选项的设置如图4-67所示。按Enter键确认操作，效果如图4-68所示，在"图层"面板中生成新的文字图层。

图4-67

图4-68

22 选择"文件 > 置入嵌入对象"命令，弹出"置入嵌入的对象"对话框，选择学习资源中的"Ch04 > 素材 > 制作装饰家居电商网站界面 > 制作装饰家居电商网站首页 > 03"文件，单击"置入"按钮，将图片置入图像窗口中，将其拖曳到适当的位置并调整大小，按Enter键确认操作，效果如图4-69所示，在"图层"面板中生成新的图层并将其命名为"logo"。

23 选择"直线工具" ⁄，在属性栏中将"填充"颜色设为无，"描边"颜色设为白色，"粗细"选项设为1像素。按住Shift键的同时在距离上方文字14像素的位置绘制直线，如图4-70所示，在"图层"面板中生成新的形状图层"形状1"。

图4-69

图4-70

24 在"02"图像窗口中，选择"移动工具" ⊕，将"搜索"图形拖曳到适当的位置并调整大小。使用相同的方法，制作出图4-71所示的效果，在"图层"面板中分别生成新的形状图层。

图4-71

25 按住Shift键的同时单击"购物车"图层，再将需要的图层同时选中。按Ctrl+G组合键，群组图层并将其命名为"导航栏"，如图4-72所示。

图4-72

26 选择"视图 > 新建参考线"命令，弹出"新建参考线"对话框，在960像素的位置建立垂直参考线，设置如图4-73所示，单击"确定"按钮，完成参考线的创建。使用相同的方法，在1796像素的位置建立水平参考线，设置如图4-74所示，单击"确定"按钮，完成参考线的创建。

图4-73

图4-74

27 选择"矩形工具" ▭，在图像窗口中适当的位置绘制矩形。在属性栏中将"填充"颜色设为黑色，"描边"颜色设为无，如图4-75所示，在"图层"面板中生成新的形状图层"矩形6"。

图4-75

28 选择"文件 > 置入嵌入对象"命令，弹出"置入嵌入的对象"对话框，选择学习资源中的"Ch04 > 素材 > 制作装饰家居电商网站界面 > 制作装饰家居电商网站首页 > 04"文件，单击"置入"按钮，将图片置入图像窗口中，将其拖曳到适当的位置并调整大小，按Enter键确认操作，在"图层"面板中生成新的图层并将其命名为"小台灯"。按Alt+Ctrl+G组合键，为"小台灯"图层创建剪贴蒙版，效果如图4-76所示。

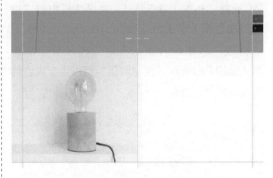

图4-76

29 选择"横排文字工具" T，在适当的位置分别输入需要的文字。选择文字，在"字符"面板中，将"颜色"设为灰色（R:96，G:96，B:96），其他选项的设置分别如图4-77和图4-78所示，按Enter键确认操作，效果如图4-79所示，在"图层"面板中分别生成新的文字图层。

图4-77　　　　　　图4-78

图4-79

30 按住Shift键的同时单击"矩形6"图层，再将需要的图层同时选中。按Ctrl+G组合键，群组图层并将其命名为"小台灯"，如图4-80所示。使用相同的方法制作其他图层组，如图4-81所示，效果如图4-82所示。

31 选择"矩形工具" □，在属性栏中将"填充"颜色设为深灰色（R:40，G:40，B:40），"描边"颜色设为无。在适当的位置绘制矩形，如图4-83所示，在"图层"面板中生成新的形状图层"矩形7"。

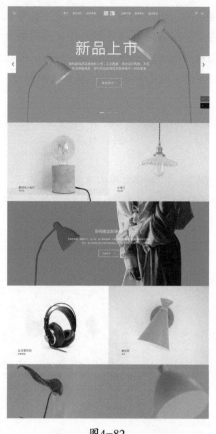

图4-82

图4-83

32 选择"横排文字工具" T，在距离底部形状98像素的位置输入需要的文字。选择文字，在"字符"面板中，将"颜色"设为白色，其他选项的设置如图4-84所示。按Enter键确认操作，效果如图4-85所示，在"图层"面板中生成新的文字图层。

图4-80　　　　　　图4-81

图4-84　　　　　　图4-85

33 在图像窗口中单击并拖曳出一个段落文本框，输入需要的文字。选择文字，在"字符"面板中，将"颜色"设为白色，其他选项的设置如图4-86所示。按Enter键确认操作，效果如图4-87所示，在"图层"面板中生成新的文字图层。使用相同的方法，制作出图4-88所示的效果。

图4-86

图4-87

图4-88

34 选择"文件 > 置入嵌入对象"命令，弹出

"置入嵌入的对象"对话框，选择学习资源中的"Ch04 > 素材 > 制作装饰家居电商网站界面 > 制作装饰家居电商网站首页 > 13"文件，单击"置入"按钮，将图片置入图像窗口中。将其拖曳到适当的位置，按Enter键确认操作，效果如图4-89所示，在"图层"面板中生成新的图层并将其命名为"二维码1"。使用相同的方法置入其他素材，制作出图4-90所示的效果。

图4-89

图4-90

35 选择"直线工具"　，在属性栏中将"填充"颜色设为无，"描边"颜色设为浅灰色（R:215, G:215, B:215），"粗细"选项设为2像素。按住Shift键的同时在距离上方文字52像素的位置绘制直线，如图4-91所示，在"图层"面板中生成新的形状图层"形状1"。

图4-91

36 选择"横排文字工具"　，在距离上方形状64像素的位置输入需要的文字。选择文字，在"字符"面板中，将"颜色"设为白色，其他选项的设置如图4-92所示，按Enter键确认操作。使用相同的方法输入其他文字，效果如图4-93所示，在"图层"面板中分别生成新的文字图层。

37 按住Shift键的同时单击"矩形9"图层，再将需要的图层同时选中。按Ctrl+G组合键，群组图层并将其命名为"页脚",如图4-94所示。

图4-92

图4-93

图4-94

38 按Ctrl+S组合键,弹出"另存为"对话框,将其命名为"制作装饰家居电商网站首页",保存为PSD格式。单击"保存"按钮,弹出"Photoshop格式选项"对话框,单击"确定"按钮,将文件保存。装饰家居电商网站首页制作完成。

4.4.2 制作装饰家居电商网站产品列表页

【案例学习目标】学会使用绘图工具、文字工具和图层蒙版制作装饰家居电商网站产品列表页。

【案例知识要点】使用"置入嵌入对象"命令置入图片,使用图层蒙版调整图

片显示区域,使用"横排文字工具"添加文字,使用"矩形工具"和"直线工具"绘制基本形状,效果如图4-95所示。

【效果所在位置】Ch04\效果\制作装饰家居电商网站界面\制作装饰家居电商网站产品列表页.psd。

图4-95

01 按Ctrl+N组合键,弹出"新建文档"对话框,将"宽度"设为1920像素,"高度"设为3496像素,"分辨率"设为72像素/英寸,"背景内容"设为白色,如图4-96所示,单击"创建"按钮,完成文档的创建。

02 选择"视图 > 新建参考线版面"命令,弹出"新建参考线版面"对话框,设置如图4-97所示。单击"确定"按钮,完成参考线的创建,效果如图4-98所示。

03 选择"视图 > 新建参考线"命令,弹出"新建

参考线"对话框，在320像素的位置建立水平参考线，设置如图4-99所示。单击"确定"按钮，完成参考线的创建。

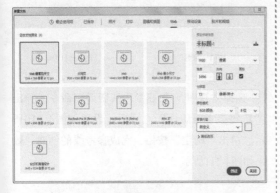

图4-96

图4-97

图4-98

04 选择"文件 > 置入嵌入对象"命令，弹出"置入嵌入的对象"对话框，选择学习资源中的"Ch04 > 素材 > 制作装饰家居电商网站界面 > 制作装饰家居电商网站产品列表页 > 01"文件，单击"置入"按钮，将图片置入图像窗口中，将其拖曳到距离下方参考线46像素的位置并调

整大小。按Enter键确认操作，如图4-100所示，在"图层"面板中生成新的图层并将其命名为"logo"。

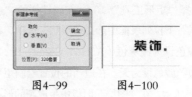

图4-99　　　　　图4-100

05 选择"横排文字工具" T ，在距离下方参考线48像素的位置输入需要的文字。选择文字，选择"窗口 > 字符"命令，弹出"字符"面板，将"颜色"设为黑色，其他选项的设置如图4-101所示。按Enter键确认操作，效果如图4-102所示，在"图层"面板中生成新的文字图层。

图4-101

图4-102

06 按Ctrl+O组合键，打开学习资源中的"Ch04 > 素材 > 制作装饰家居电商网站界面 > 制作装饰家居电商网站产品列表页 > 02"文件，选择"移动工具" ，将"搜索"图形拖曳到适当的位置并调整大小，如图4-103所示。使用相同的方法分别拖曳需要的形状到适当的位置，制作出图4-104所示的效果，在"图层"面板中分别生成新的形状图层。

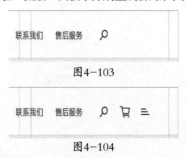

图4-103

图4-104

07 按住Shift键的同时单击"logo"图层，再将需要的图层同时选中。按Ctrl+G组合键，群组图层并将其命名为"页眉"，如图4-105所示。

08 选择"矩形工具"  ，在属性栏的"选择工具模式"下拉列表框中选择"形状"选项，将"填充"颜色设为浅灰色（R:236，G:242，B:248），"描边"颜色设为无。在适当的位置绘制矩形，如图4-106所示，在"图层"面板中生成新的形状图层"矩形1"。

图4-105

图4-106

09 选择"横排文字工具"  ，在距离下方参考线86像素的位置输入需要的文字。选择文字，在"字符"面板中，选项的设置如图4-107所示，按Enter键确认操作，效果如图4-108所示，在"图层"面板中生成新的文字图层。选择文字"灯饰"，在"字符"面板中，将"颜色"设为浅灰色（R:236，G:242，B:248），按Enter键确认操作，效果如图4-109所示。

图4-107

| 图4-108 | 图4-109 |

10 选择"视图 > 新建参考线版面"命令，弹出"新建参考线版面"对话框，设置如图4-110所示。单击"确定"按钮，完成参考线的创建，效果如图4-111所示。

图4-110

图4-111

11 选择"横排文字工具" ，在距离上方参考线106像素的位置分别输入需要的文字。选择文字，在"字符"面板中，将"颜色"设为灰色

（96、96、96），其他选项的设置如图4-112所示。按Enter键确认操作，效果如图4-113所示，在"图层"面板中分别生成新的文字图层。

图4-112

图4-113

12 在"02"图像窗口中，选择"移动工具" ，将"筛选"图形拖曳到适当的位置并调整大小，效果如图4-114所示，在"图层"面板中生成新的形状图层。

图4-114

13 选择"矩形工具" ，在属性栏中将"填充"颜色设为灰色（R:96，G:96，B:96），"描边"颜色设为无。在适当的位置绘制矩形，效果如图4-115所示，在"图层"面板中生成新的形状图层"矩形2"。

图4-115

14 选择"文件 > 置入嵌入对象"命令，弹出

"置入嵌入的对象"对话框，选择学习资源中的"Ch04 > 素材 > 制作装饰家居电商网站界面 > 制作装饰家居电商网站产品列表页 > 03"文件，单击"置入"按钮，将图片置入图像窗口中，将其拖曳到适当的位置并调整大小，按Enter键确认操作，在"图层"面板中生成新的图层并将其命名为"小台灯"。按Alt+Ctrl+G组合键，为"小台灯"图层创建剪贴蒙版，效果如图4-116所示。

图4-116

15 选择"横排文字工具" ，在距离上方参考线38像素的位置输入需要的文字。选择文字，文字。在"字符"面板中，将"颜色"设为深灰色（R:28，G:28，B:28），其他选项的设置如图4-117所示。按Enter键确认操作，效果如图4-118所示，在"图层"面板中生成新的文字图层。

16 在"02"图像窗口中，选择"移动工具" ，将"星级"图形拖曳到距离上方文字20像素的位置并调整大小，效果如图4-119所示，在"图层"面板中生成新的形状图层。

图4-117

图4-118

图4-119

17 选择"横排文字工具" **T**，在距离上方形状26像素的位置输入需要的文字。选择文字，在"字符"面板中，将"颜色"设为灰色（R:96，G:96，B:96），其他选项的设置如图4-120所示。按Enter键确认操作，效果如图4-121所示，在"图层"面板中生成新的文字图层。

图4-120

图4-121

18 按住 Shift 键的同时单击"矩形 2"图层，再将需要的图层同时选中。按 Ctrl+G 组合键，群组图层并将其命名为"产品 1"，如图 4-122 所示。

19 使用相同的方法制作其他图层组，如图4-123所示，效果如图4-124所示。按住Shift键的同时单击"产品1"图层组，再将需要的图层组同时选中。按Ctrl+G组合键，群组图层组并将其命名为"第一排"，如图4-125所示。

图4-122　　　　　　　　图4-123

图4-124

图4-125

20 使用相同的方法制作其他图层组，如图4-126所示，效果如图4-127所示。按住Shift键的同时单击"矩形1"图层，再将需要的图层同时选中。按Ctrl+G组合键，群组图层并将其命名为"产品展示"，如图4-128所示。

图4-126

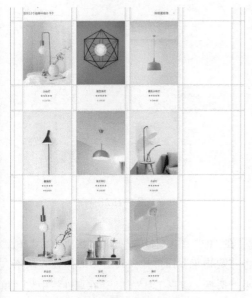

图4-127

图4-128

21 选择"矩形工具" □ ，在属性栏中将"填充"颜色设为无，"描边"颜色设为浅灰色（R:158，G:158，B:158），"粗细"选项设为2像素。在距离上方参考线66像素的位置绘制矩形，如图4-129所示，在"图层"面板中生成新的

形状图层"矩形3"。

图4-129

22 选择"横排文字工具" T. ，在适当的位置输入需要的文字。选择文字，在"字符"面板中，将"颜色"设为灰色（R:96，G:96，B:96），其他选项的设置如图4-130所示，按Enter键确认操作，效果如图4-131所示，在"图层"面板中生成新的文字图层。

图4-130

图4-131

23 在"02"图像窗口中，选择"移动"工具 ⊕. ，将"搜索"图形拖曳到适当的位置并调整大小。选择"矩形工具" □. ，在属性栏中将"填充"颜色设为无，"描边"颜色设为浅灰色（R:153，G:153，B:153），"粗细"选项设为2像素。在适当的位置绘制矩形，效果如图4-132所示，在"图层"面板中生成新的形状图层。

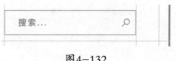

图4-132

24 选择"横排文字工具" T. ，在距离上方参考

线56像素的位置输入需要的文字。选择文字，在"字符"面板中，将"颜色"设为黑色，其他选项的设置如图4-133所示，按Enter键确认操作，效果如图4-134所示，在"图层"面板中生成新的文字图层。

图4-133

图4-134

25 在图像窗口中单击并拖曳出一个段落文本框，输入需要的文字。选择文字，在"字符"面板中，将"颜色"设为灰色（R:96，G:96，B:96），其他选项的设置如图4-135所示，按Enter键确认操作，效果如图4-136所示，在"图层"面板中生成新的文字图层。

图4-135

26 选择"矩形工具" □ ，在属性栏中将"填充"颜色设为深粉色（R:255，G:29，B:77），

"描边"颜色设为无。在距离上方参考线256像素的位置绘制矩形，如图4-137所示，在"图层"面板中生成新的形状图层"矩形4"。

图4-136

图4-137

27 在"02"图像窗口中，选择"移动"工具 ⊕ ，将"购物车"图形拖曳到适当的位置并调整大小。选择"矩形工具" □ ，在属性栏中将"填充"颜色设为深粉色（R:255，G:29，B:77），"描边"颜色设为无，在适当的位置绘制矩形，效果如图4-138所示，在"图层"面板中生成新的形状图层。使用相同的方法，制作出图4-139所示的效果。

图4-138   图4-139

28 选择"矩形工具" □ ，在距离上方参考线72像素的位置绘制矩形。在属性栏中将"填充"颜

色设为浅灰色（R:158，G:158，B:158），"描边"颜色设为无，如图4-140所示，在"图层"面板中生成新的形状图层"矩形6"。

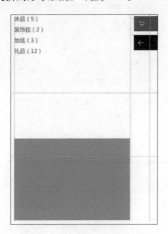

图4-140

29 选择"文件 > 置入嵌入对象"命令，弹出"置入嵌入的对象"对话框，选择学习资源中的"Ch04 > 素材 > 制作装饰家居电商网站界面 > 制作装饰家居电商网站产品列表页 > 12"文件，单击"置入"按钮，将图片置入图像窗口中。将其拖曳到适当的位置并调整大小，按Enter键确认操作，在"图层"面板中生成新的图层并将其命名为"桌椅"。按Alt+Ctrl+G组合键，为"桌椅"图层创建剪贴蒙版，效果如图4-141所示。

图4-141

30 选择"横排文字工具" T,，使用上述的方

法，制作出图4-142所示的效果，在"图层"面板中分别生成新的文字图层。

图4-142

31 选择"椭圆工具" ○,，在属性栏中将"填充"颜色设为黑色，"描边"颜色设为无。按住Shift键的同时在距离上方文字70像素的位置绘制圆形，在"图层"面板中生成新的形状图层"椭圆1"，效果如图4-143所示。

图4-143

32 选择"路径选择工具" ▶,，选择圆形，按住Alt+Shift组合键的同时将其向右拖曳到适当的位置，复制圆形，效果如图4-144所示。

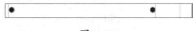

图4-144

33 选择"矩形工具" □,，在属性栏中将"填充"颜色设为黑色，"描边"颜色设为无。按住Shift键的同时在适当的位置绘制矩形，效果如图4-145所示。

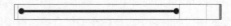

图4-145

34 选择"横排文字工具" T，在距离上方形状44像素的位置输入需要的文字。选择文字，在"字符"面板中，将"颜色"设为深灰色（R:28，G:28，B:28），其他选项的设置如图4-146所示。按Enter键确认操作，效果如图4-147所示，在"图层"面板中生成新的文字图层。

图4-146

图4-147

35 选择"圆角矩形工具" ⬚，在属性栏中将"填充"颜色设为黑色，"描边"颜色设为无，"半径"选项设为4像素。在距离上方形状44像素的位置绘制圆角矩形，如图4-148所示，在"图层"面板中生成新的形状图层"圆角矩形1"。

图4-148

36 选择"横排文字工具" T，在适当的位置输入需要的文字。选择文字，在"字符"面板中，将"颜色"设为白色，其他选项的设置如图4-149所示。按Enter键确认操作，效果如图4-150所示，在"图层"面板中生成新的文字图层。

37 按住Shift键的同时单击"矩形3"图层，再将需要的图层同时选中。按Ctrl+G组合键，群组图

层并将其命名为"侧导航"，如图4-151所示。

图4-149

图4-150

图4-151

38 选择"横排文字工具" T，在距离上方参考线38像素的位置分别输入需要的文字。选择文字，在"字符"面板中，将"颜色"设为灰色（R:96，G:96，B:96），其他选项的设置如图4-152所示。按Enter键确认操作，效果如图4-153所示，在"图层"面板中分别生成新的文字图层。

图4-152

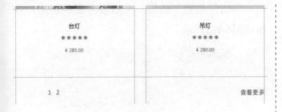

图4-153

39 在"02"图像窗口中,选择"移动工具"[十],将"下一页"图形拖曳到适当的位置并调整大小,效果如图4-154所示,在"图层"面板中生成新的形状图层。

图4-154

40 按住Shift键的同时单击"1 2"图层,再将需要的图层同时选中。按Ctrl+G组合键,群组图层并将其命名为"页码",如图4-155所示。

图4-155

41 在"制作装饰家居电商网站首页"图像窗口中,选择"页脚"图层组。选择"移动工具"[十],将选取的图层组拖曳到新建图像窗口中适当的位置,如图4-156所示,效果如图4-157所示。

图4-156

图4-157

42 按Ctrl+S组合键,弹出"另存为"对话框,将其命名为"制作装饰家居电商网站产品列表页",保存为PSD格式。单击"保存"按钮,弹出"Photoshop 格式选项"对话框,单击"确定"按钮,将文件保存。装饰家居电商网站产品列表页制作完成。

4.4.3 制作装饰家居电商网站产品详情页

【案例学习目标】学会使用绘图工具、文字工具和图层蒙版制作装饰家居电商网站产品详情页。

【案例知识要点】使用"置入嵌入对象"命令置入图片,使用图层蒙版调整图片显示区域,使用"横排文字工具"添加文字,使用"矩形工具"和"直线工具"绘制基本形状,效果如图4-158所示。

【效果所在位置】Ch04\效果\制作装饰家居电商网站界面\制作装饰家居电商网站产品详情页.psd。

149

图4-158

01 按Ctrl+N组合键，弹出"新建文档"对话框，将"宽度"设为1920像素，"高度"设为3155像素，"分辨率"设为72像素/英寸，"背景内容"设为白色，如图4-159所示，单击"创建"按钮，完成文档的创建。

图4-159

02 选择"视图 > 新建参考线版面"命令，弹出"新建参考线版面"对话框，其设置如图4-160所

示。单击"确定"按钮，完成参考线的创建，效果如图4-161所示。

图4-160

图4-161

03 选择"视图 > 新建参考线"命令，弹出"新建参考线"对话框，在320像素的位置建立水平参考线，设置如图4-162所示。单击"确定"按钮，完成参考线的创建。

图4-162

04 在"制作装饰家居电商网站产品列表页"图像窗口中，展开"产品展示"图层组。选择"页脚"图层组，按住Shift键的同时单击"首页 / 商品购买 / 灯饰 / 简约型阅读台灯"图层，再将需要的图层同时选中，如图4-163所示。单击鼠标右键，

在弹出的菜单中选择"复制图层"命令，在弹出的对话框中进行设置，如图4-164所示，单击"确定"按钮，效果如图4-165所示。将复制的图层组拖曳到当前文档中。

图4-163

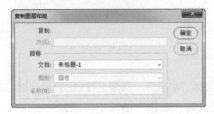

图4-164

图4-165

05 在"图层"面板中，选择"首页 / 商品购买 / 灯饰 / 简约型阅读台灯"图层，选择"横排文字工具" T，修改文字为图4-166所示的效果。

图4-166

06 选择"视图 > 新建参考线"命令，弹出"新建参考线"对话框，在476像素的位置建立水平参考线，设置如图4-167所示。单击"确定"按钮，完成参考线的创建。使用相同的方法，在1282像素

的位置建立水平参考线，在934像素的位置建立垂直参考线。

图4-167

07 选择"视图 > 新建参考线版面"命令，弹出"新建参考线版面"对话框，设置如图4-168所示。单击"确定"按钮，完成参考线的创建，效果如图4-169所示。

图4-168

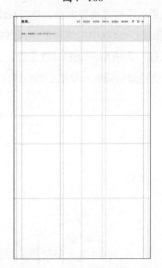

图4-169

08 选择"矩形工具" □，在属性栏的"选择工具模式"下拉列表框中选择"形状"选项，将"填

充"颜色设为灰色（R:153，G:153，B:153），"描边"颜色设为无。在适当的位置绘制形状，如图4-170所示，在"图层"面板中生成新的形状图层"矩形2"。

图4-170

09 选择"文件 > 置入嵌入对象"命令，弹出"置入嵌入的对象"对话框，选择学习资源中的"Ch04 > 素材 > 制作装饰家居电商网站界面 > 制作装饰家居电商网站产品详情页 > 03"文件，单击"置入"按钮，将图片置入图像窗口中，将其拖曳到适当的位置并调整大小，按Enter键确认操作，在"图层"面板中生成新的图层并将其命名为"小桌灯"。按Alt+Ctrl+G组合键，为"小桌灯"图层创建剪贴蒙版，效果如图4-171所示。

图4-171

10 选择"矩形工具"，在属性栏中将"填充"颜色设为灰色（R:153，G:153，B:153），"描边"颜色设为无。在适当的位置绘制矩形，如图4-172所示，在"图层"面板中生成新的形状图层"矩形3"。

图4-172

11 选择"小桌灯"图层，按Ctrl+J组合键，复制图层，在"图层"面板中生成新的图层"小桌灯 拷贝"，将其拖曳到"矩形3"图层的上方，如图4-173所示。按Ctrl+T组合键，将其拖曳到适当的位置并调整大小，按Enter键确认操作。按Alt+Ctrl+G组合键，为"小桌灯 拷贝"图层创建剪贴蒙版，效果如图4-174所示。使用相同的方法制作出图4-175所示的效果。

12 按住Shift键的同时单击"矩形2"图层，再将需要的图层同时选中。按Ctrl+G组合键，群组图层并将其命名为"产品展示图"，如图4-176所示。

图4-173

图4-174

图4-175

图4-176

置如图4-179所示。按Enter键确认操作，效果如图4-180所示，在"图层"面板中分别生成新的文字图层。

图4-177

图4-178

图4-179

13 选择"横排文字工具" T，在距离上方参考线12像素的位置输入需要的文字。选择文字，选择"窗口 > 字符"命令，弹出"字符"面板，将"颜色"设为黑色，其他选项的设置如图4-177所示，按Enter键确认操作，效果如图4-178所示。使用相同的方法，在适当的位置分别输入需要的文字。选择文字，在"字符"面板中，将"颜色"设为灰色（R:96，G:96，B:96），其他选项的设

图4-180

14 在距离上方文字36像素的位置，单击并拖曳出一个段落文本框，输入需要的文字。选择文

字，在"字符"面板中，将"颜色"设为灰色（R:96，G:96，B:96），其他选项的设置如图4-181所示，按Enter键确认操作，效果如图4-182所示，在"图层"面板中生成新的文字图层。

图4-181

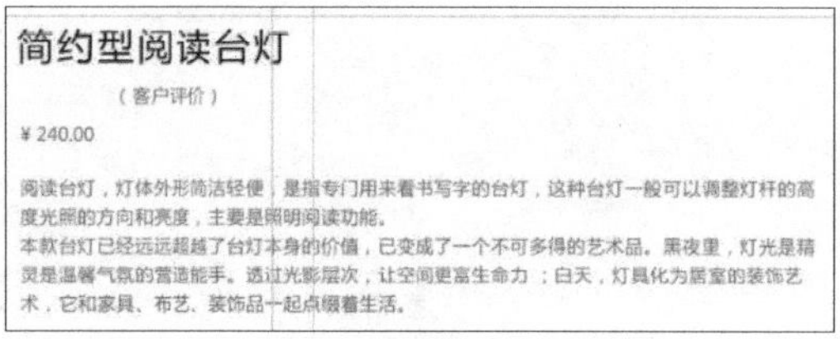

图4-182

15 按Ctrl+O组合键，打开学习资源中的"Ch04 > 素材 > 制作装饰家居电商网站界面 > 制作装饰家居电商网站产品详情页 > 02"文件，选择"移动工具" ⊕，将"四星"图形拖曳到适当的位置并调整大小，效果如图4-183所示，在"图层"面板中生成新的形状图层。

简约型阅读台灯
★★★★☆（客户评价）
￥240.00

图4-183

16 选择"圆角矩形工具" ▢，在属性栏中将"填充"颜色设为无，"描边"颜色设为浅灰色（R:201，G:201，B:201），"半径"选项设为4像素。在距离上方文字46像素的位置绘制圆角矩形，如图4-184所示，在"图层"面板中生成新的形状图层"圆角矩形1"。

17 在"02"图像窗口中，选择"移动工具" ⊕，将"添加"图形拖曳到适当的位置并调整大小，效果如图4-185所示，在"图层"面板中生成新的形状图层。按Ctrl+J组合键，复制"添加"图层，在"图层"面板中生成新的图层并将其命名为"减少"。按住Shift键的同时将其拖曳到适当的位置。按Ctrl+T组合键，图像周围出现变换框，单击鼠标右键，在弹出的菜单中选择"水平翻转"命令，水平翻转图像，按Enter键确认操作，效果如图4-186所示。

图4-184

图4-185　　　　图4-186

18 选择"横排文字工具" T，在适当的位置输入需要的文字。选择文字，在"字符"面板中，将"颜色"设为灰色（R:96，G:96，B:96），其他选项的设置如图4-187所示，按Enter键确认操作，效果如图4-188所示，在"图层"面板中生成新的文字图层。

图4-187

图4-188

19 选择"圆角矩形工具" ◻️，在属性栏中将"填充"颜色设为深灰色（R:27，G:27，B:27），"描边"颜色设为无，"半径"选项设为4像素。在适当的位置绘制圆角矩形，如图4-189所示，在"图层"面板中生成新的形状图层"圆角矩形2"。

图4-189

20 选择"横排文字工具" T，在适当的位置输入需要的文字。选择文字，在"字符"面板中，将"颜色"设为白色，其他选项的设置如图4-190所示。按Enter键确认操作，效果如图4-191所示，在"图层"面板中生成新的文字图层。

图4-190

图4-191

21 在"02"图像窗口中，选择"移动工具" ✛，将"喜欢"图形拖曳到距离上方形状30像素的位置并调整大小，效果如图4-192所示，在"图层"面板中生成新的形状图层。

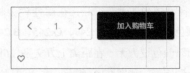

图4-192

22 选择"横排文字工具" T，在距离上方形状30像素的位置输入需要的文字。选择文字，在"字符"面板中，将"颜色"设为黑色，其他选项的设置如图4-193所示。按Enter键确认操作，效果如图4-194所示，在"图层"面板中生成新的文字图层。

图4-193

图4-194

23 在距离上方文字66像素的位置，单击并拖曳出一个段落文本框，输入需要的文字。选择文字，在"字符"面板中，将"颜色"设为灰色（R:96，G:96，B:96），按Enter键确认操作，效果如图4-195所示，在"图层"面板中生成新的文字图层。

图4-195

24 选择"矩形工具" □ ，在属性栏中将"填充"颜色设为浅灰色（R:247，G:245，B:245），"描边"颜色设为无。在距离上方文字126像素的位置绘制矩形，如图4-196所示，在"图层"面板中生成新的形状图层"矩形4"。

图4-196

25 选择"横排文字工具" T ，在适当的位置输入需要的文字。选择文字，在"字符"面板中，将"颜色"设为深灰色（R:27，G:27，B:27），其他选项的设置如图4-197所示，按Enter键确认操作，效果如图4-198所示，在"图层"面板中生成新的文字图层。

图4-197

图4-198

26 使用相同的方法，制作出图4-199所示的效果。选择"横排文字工具" T ，在距离上方文

字66像素的位置，单击并拖曳出一个段落文本框，输入需要的文字。在"字符"面板中，将"颜色"设为灰色（R:96，G:96，B:96），其他选项的设置如图4-200所示，按Enter键确认操作，效果如图4-201所示，在"图层"面板中生成新的文字图层。

图4-199

图4-200

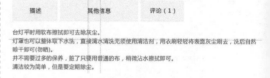

图4-201

27 按住Shift键的同时单击"简约型阅读台灯"图层，再将需要的图层同时选中。按Ctrl+G组合键，群组图层并将其命名为"产品文字信息"，如图4-202所示。

图4-202

28 在"制作装饰家居电商网站产品列表页"图像窗口中，展开"侧导航"图层组。选择"返回"图层，按住Shift键的同时单击"矩形4"图层，再将需要的图层同时选中，如图4-203所示。单击鼠标右键，在弹出的菜单中选择"复制图层"命令，在弹出的对话框中进行设置，如图4-204所示，单击"确定"按钮，效果如图4-205所示。将复制的图层组拖曳到当前文档中。

图4-203

图4-204

图4-205

29 按Ctrl+G组合键，群组图层并将其命名为"侧导航"，如图4-206所示。选择"横排文字工具" T.，在适当的位置输入需要的文字。选择文字，在"字符"面板中，将"颜色"设为黑色，其他选项的设置如图4-207所示，按Enter键确认操作，效果如图4-208所示，在"图层"面板中生成新的文字图层。

图4-206

图4-207

图4-208

30 在"02"图像窗口中，选择"移动工具" ⊕.，将"添加"图形拖曳到适当的位置并调整大小，效果如图4-209所示，在"图层"面板中生成新的形状图层并将其命名为"上一列"。按Ctrl+J组合键，复制"上一列"图层，在"图层"面板中生成新的图层并将其命名为"下一列"。按住Shift键的同时将其拖曳到适当的位置，按Ctrl+T组合键，图像周围出现变换框，单击鼠标右键，在弹出的菜单中选择"水平翻转"命令，水平翻转图像，按Enter键确认操作，效果如图4-210所示。

图4-209　　图4-210

31 选择"矩形工具"□，在适当的位置绘制矩形，在属性栏中将"填充"颜色设为浅灰色（R:247，G:245，B:245），"描边"颜色设为无，如图4-211所示，在"图层"面板中生成新的形状图层"矩形6"。

图4-211

32 选择"文件 > 置入嵌入对象"命令，弹出"置入嵌入的对象"对话框，选择学习资源中的"Ch04 > 素材 > 制作装饰家居电商网站界面 > 制作装饰家居电商网站产品详情页 > 04"文件，单击"置入"按钮，将图片置入图像窗口中，将其拖曳到适当的位置并调整大小，按Enter键确认操作，在"图层"面板中生成新的图层"04"。按Alt+Ctrl+G组合键，为"04"图层创建剪贴蒙版，效果如图4-212所示。

图4-212

33 选择"横排文字工具"T，在适当的位置输入需要的文字。选择文字，在"字符"面板中，将"颜色"设为黑色，其他选项的设置如图4-213所示，按Enter键确认操作，效果如图4-214所示，在"图层"面板中生成新的文字图层。

图4-213

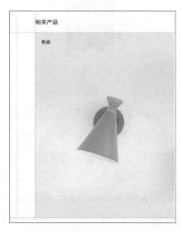

图4-214

34 使用相同的方法，分别在距离上方参考线40像素和120像素的位置输入文字。选择文字，在"字符"面板中，分别将"颜色"设为深灰色（R:28，G:28，B:28）和灰色（R:96，G:96，B:96），其他选项的设置分别如图4-215和图4-216所示，按Enter键确认操作，效果如图4-217所示，在"图层"面板中分别生成新的文字图层。

图4-215

图4-216

图4-217

35 在"02"图像窗口中，选择"移动工具"，将"五星"图形拖曳到适当的位置并调整大小，效果如图4-218所示，在"图层"面板中生成新的形状图层。

图4-218

36 按住Shift键的同时单击"矩形6"图层，再将需要的图层同时选取。按Ctrl+G组合键，群组图层并将其命名为"产品1"，如图4-219所示。使用相同的方法制作其他图层组，如图4-220所示，效果如图4-221所示。

图4-219

图4-220

159

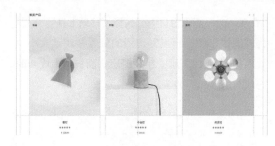

图4-221

37 按住Shift键的同时单击"相关产品"图层，再将需要的图层同时选中。按Ctrl+G组合键，群组图层并将其命名为"相关产品"，如图4-222所示。

图4-222

38 在"制作装饰家居电商网站产品列表页"图像窗口中，选择"页脚"图层组。选择"移动工具" ⊕，将选择的图层组拖曳到新建图像窗口中适当的位置，如图4-223所示，效果如图4-224所示。

图4-223

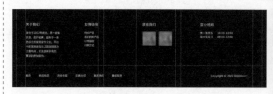

图4-224

39 按Ctrl+S组合键，弹出"另存为"对话框，将其命名为"制作装饰家居电商网站产品详情页"，保存为PSD格式。单击"保存"按钮，弹出"Photoshop格式选项"对话框，单击"确定"按钮，将文件保存。装饰家居电商网站产品详情页制作完成。

4.5 课堂练习——制作Easy Life家居电商网站界面

【**练习学习目标**】学会使用绘图工具、文字工具和图层蒙版制作家居电商类网站。

【**练习知识要点**】使用"矩形工具"添加底图颜色，使用"置入嵌入对象"命令置入图片，使用图层蒙版调整图片显示区域，使用"横排文字工具"添加文字，使用"矩形工具""椭圆工具""多边形工具""自定形状工具""直线工具"绘制基本形状，效果如图4-225所示。

【**效果所在位置**】Ch04\效果\制作Easy Life家居电商网站界面。

图4-225

【习题学习目标】学会使用绘图工具、文字工具和图层蒙版制作家居电商类网站。

【习题知识要点】使用"置入嵌入对象"命令置入图片，使用图层蒙版调整图片显示区域，使用"横排文字工具"添加文字，使用"矩形工具""椭圆工具""直线工具"绘制基本形状，效果如图4-226所示。

【效果所在位置】Ch04\效果\制作Artsy家居电商网站界面。

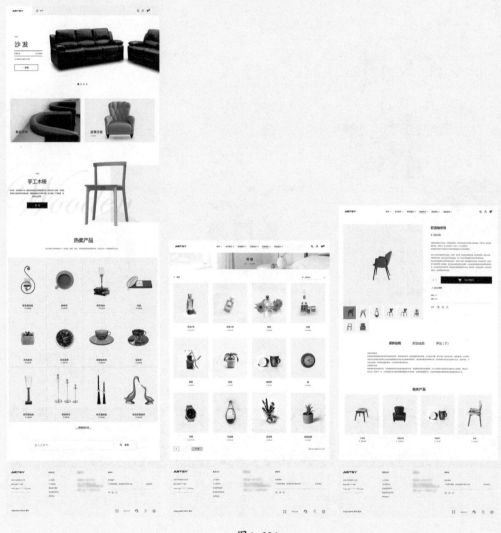

图4-226

第 5 章

软件界面设计

本章介绍

软件界面设计泛指对软件的使用界面进行美化设计。本章针对PC端软件界面的基础知识、设计规范、常用类型及绘制方法进行系统的讲解与演练。通过对本章的学习，读者可以对PC端软件界面设计有一个基本的认识，并快速掌握绘制PC端软件常用界面的规范和方法。

学习目标

◆ 了解软件界面设计的基础知识

◆ 掌握软件界面设计的规范

◆ 认识软件界面常用类型

技能目标

◆ 掌握音乐播放器软件首页的绘制方法

◆ 掌握音乐播放器软件歌单页的绘制方法

◆ 掌握音乐播放器软件歌曲列表页的绘制方法

软件界面设计的基础知识主要包括软件界面设计的概念、软件界面设计的流程及软件界面设计的原则。

5.1.1 软件界面设计的概念

软件界面（Software Interface）设计是界面设计的一个分支，主要针对软件的使用界面进行交互操作逻辑、用户情感化体验、界面元素美观的整体设计，具体工作内容包括软件启动界面设计、软件框架设计、图标设计等，如图5-1所示。

图5-1 软件界面

5.1.2 软件界面设计的流程

软件界面的设计流程可以按照分析调研、交互设计、交互自查、视觉设计、设计测试、验证总结的步骤来进行，如图5-2所示。

图5-2 软件界面设计流程

1.分析调研

与App界面设计和网页界面设计类似，软件界面的设计也要先分析用户需求，明确设计方向。图5-3所示是3款聊天软件的界面，因产品需求不同，导致设计风格有所区别。

图5-3 不同风格的聊天软件界面

2.交互设计

交互设计是对整个软件界面设计进行初步构思和制定的一个阶段，一般需要进行纸面原型设计、架构设计、流程图设计、线框图设计等具体工作，如图5-4所示。

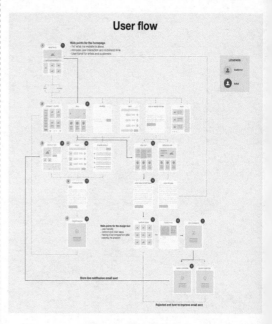

图5-4 交互设计图

3.交互自查

交互设计完成之后,进行交互自查是整个软件界面设计流程中一个非常重要的阶段。其可以在执行界面设计之前检查出是否有遗漏缺失的细节问题,具体可以参考App设计中的交互设计自查表。

4.视觉设计

原型图审查通过后,就可以进入视觉设计阶段了,这个阶段的设计结果即产品最终呈现给用户的界面,设计要求与网页界面设计类似。最后运用Axure PR、墨刀等软件制作成可交互的高保真原型,以便后续进行设计测试,如图5-5所示。

图5-5 可交互的高保真原型

5.设计测试

设计测试阶段是让具有代表性的用户进行典型操作,设计人员和开发人员在此阶段共同观察、记录。在测试阶段可以对界面设计的相关细节进行调整,如图5-6所示。

图5-6 软件界面细节调整

6.验证总结

验证总结是设计流程的最后一个阶段,是为整套软件进行优化的重要支撑。在产品正式上线后,通过对用户的数据反馈进行记录,验证前期的设计,并继续优化,如图5-7所示。

图5-7 软件界面

5.1.3 软件界面设计的原则

在进行软件界面设计时,我们主要针对计算机应用界面、移动应用界面、网页界面及游戏界面进行设计。针对移动应用界面、网页界面设计原则,在前两章中都已阐述,本小节主要围绕Windows系统下的Fluent Design语言(微软于2017年开发的设计语言)中的设计原则进行讲解,如图5-8所示。

图5-8 用Windows系统下的Fluent Design语言进行设计

Fluent Design语言有自适应、共鸣、美观三大原则。

165

1.自适应：在每台设备上都显得自然

Fluent Design语言可根据环境进行调整，可以很好地在平板电脑、台式计算机、XBox甚至混合现实头戴显示设备上运行。此外，当用户添加更多硬件时，如在增加额外的显示器上，也会正常显示，如图5-9所示。

图5-10 使用正确的控件可帮助用户
更好地进行交互以符合用户期望

3.美观：吸引力十足且令人沉醉

Fluent Design语言重视华丽的效果，其通过融入物理世界的元素，如光线、阴影、动效、深度及纹理，增强用户体验的物理效果，让应用变得更具吸引力，如图5-11所示。

图5-9 自适应

2.共鸣：直观且强大

Fluent Design语言能了解和预测用户需求，并根据用户的行为和意图进行调整，当某个体验的行为方式符合用户的期望时，该界面就显得很直观，如图5-10所示。

图5-11 界面使用了阴影

5.2 软件界面设计的规范

软件界面设计规范也包括设计尺寸及单位、结构、布局、字体及图标5个方面，本节围绕Fluent Design语言中的规范进行讲解。Fluent Design语言可以为不同平台的Windows 10设备软件界面提供指导，如图5-12所示。通过Fluent Design语言，不仅能呼应前面移动应用界面、网页界面设计规范，更能系统地掌握Windows系统计算机应用的设计规范。

图5-12 Fluent Design语言应用于不同平台的Windows 10设备的软件界面

5.2.1 软件界面设计的尺寸及单位

1.相关单位

有效像素（effective pixels，epx）简称"e像素"，是一个虚拟度量单位，用于表示布局尺寸和间距（独立于屏幕密度）。基于Windows系统通过系统缩放保证元素识别的工作原理，在设计通用Windows平台应用时，要以有效像素（而不是实际物理像素）为单位进行设计，在这里epx可等同于像素，如图5-13所示。

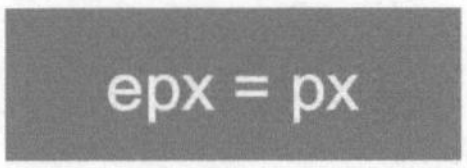

$$epx = px$$

图5-13 软件设计的单位

2.设计尺寸

软件应用在手机、平板电脑、台式计算机、电视等设备上运行，可通过建立一套完整的设计系统来进行一体化设计，而无须为每台设备都进行独立的UI设计。其中，通用Windows平台应用建议针对Windows 10设备的关键断点进行设计，并实现通用，如图5-14所示。

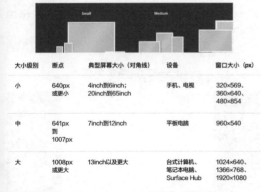

大小级别	断点	典型屏幕大小（对角线）	设备	窗口大小（px）
小	640px 或更小	4inch到6inch；20inch到65inch	手机、电视	320×569、360×640、480×854
中	641px 到 1007px	7inch到12inch	平板电脑	960×540
大	1008px 或更大	13inch以及更大	台式计算机、笔记本电脑、Surface Hub	1024×640、1366×768、1920×1080

图5-14 Windows 10不同设备的设计尺寸

在针对特定断点进行设计时，应对应用的屏幕可用空间大小进行设计，而不是屏幕大小。当应用全屏运行时，应用窗口的大小与屏幕的大小相同，但当应用不是全屏运行时，窗口的大小则小于屏幕的大小，如图5-15所示。

图5-15 未全屏运行的软件界面

5.2.2 软件界面设计的结构

通用Windows平台的软件界面通常都由导航、命令栏和内容元素组成，其结构如图5-16所示。

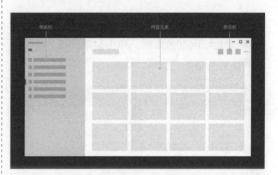

图5-16 软件设计的界面结构

5.2.3 软件界面设计的布局

1.页面布局

（1）导航

常见的导航模式有左侧导航和顶部导航两种，如图5-17所示。

图5-17 左侧导航（左）顶部导航（右）

左侧导航：当有超过5个导航项目或应用程

序中超过5个页面时，建议使用左侧导航；导航内通常包含导航项目、应用设置栏目及账户设置栏目，如图5-18所示。

图5-18 左侧导航

菜单按钮允许用户展开和折叠导航面板。当屏幕尺寸大于640像素时，单击菜单按钮会将导航面板展开为条形，如图5-19所示。

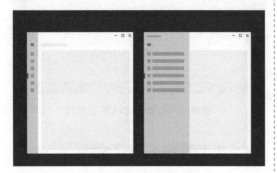

图5-19 折叠（左）展开（右）

当屏幕尺寸小于640像素时，导航面板将完全折叠，如图5-20所示。

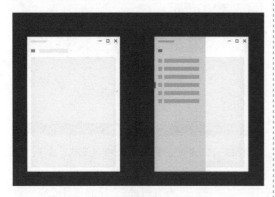

图5-20 完全折叠（左）展开（右）

顶部导航：顶部导航也可以作为一级导航，相较于可折叠的左侧导航，顶部导航始终可见，如图5-21所示。

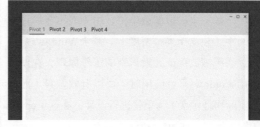

图5-21 顶部导航

（2）命令栏

命令栏为用户提供应用程序中一些常见任务的快速访问方式。命令栏可以提供对应用程序级或页面级命令的访问，并且可以与任何导航模式一起使用，如图5-22所示。

命令栏可以放在页面的顶部或底部，以最适合应用程序的设计为准，如图5-23所示。

图5-22 顶部命令栏

图5-23 底部命令栏

（3）内容

内容因应用程序而异，因此可以通过多种不同方式呈现内容。这里，主要通过剖析常见的页面模式从而认识内容的布局方式。

登录页：登录页又称为"着陆页"，通常为用户使用软件时最先出现的页面；在登录页中，大面积的设计区域是为了突出显示用户可能想要浏览和使用的内容的，如图5-24所示。

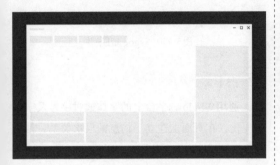

图5-24 登录页

集合页：集合页方便用户浏览内容组或数据组，其中网格视图适用于照片或以媒体为中心的内容，列表视图则适用于文本或数据密集型的内容，如图5-25所示。

图5-25 集合页

主/细节页：主/细节页由列表视图（主）和内容视图（细节）共同组成，两个视图都是固定且可以垂直滚动的；当选择列表视图中的项目时，内容视图也会对应更新，如图5-26所示。

详细信息页：当用户要查看详细内容时，在主/细节页基础之上可创建内容的详细查看页面，以便用户能够不受干扰地查看详细内容，如图5-27所示。

表单页：表单是一组控件，用于收集和提交来自用户的数据，大多数应用将表单用于页面设置、账户创建、反馈中心等，如图5-28所示。

图5-26 主/细节页

图5-27 详细信息页

图5-28 表单页

2.响应式布局

通过响应式布局保证软件在所有设备上清晰可辨、易于使用。其中所有设备尺寸及内外边距的增量都应为4epx。对于较小的窗口宽度（小于640px），建议使用12epx外边距，而对于较大的窗口宽度，建议使用24epx外边距，如图5-29所示。

12px
12px
24px
24px
窗口宽度小于640px
窗口宽度大于640px

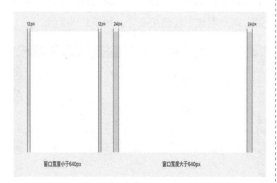

图5-29 响应式布局

5.2.4 软件界面设计的文字

文字在前面的App界面设计和网页界面设计中都已详细介绍过，因此本节主要针对Windows平台应用介绍文字的使用。

1.系统字体

在通用Windows平台的应用中，建议英文使用默认字体Segoe UI，如图5-30所示。

当应用显示非英语语言时可选择另一种字体，其中中文建议使用默认字体微软雅黑。

在进行UI设计时，Sans-serif 字体适用于标题和UI元素，Serif字体适用于显示大量正文。

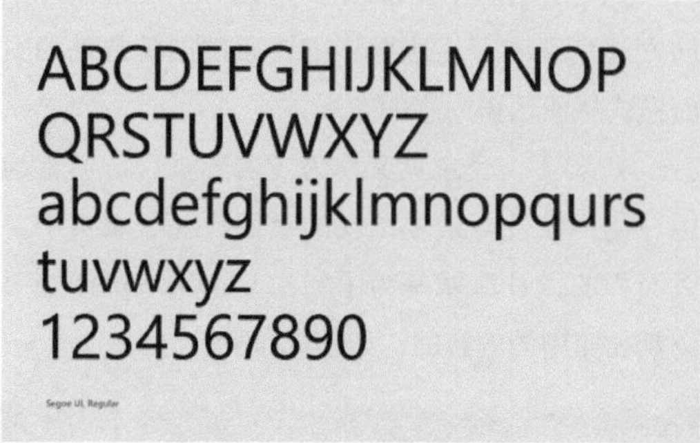

ABCDEFGHIJKLMNOP
QRSTUVWXYZ
abcdefghijklmnopqurs
tuvwxyz
1234567890
Segoe UI, Regular

图5-30 Segoe UI字体

2.字体大小

通用Windows平台上的字体通过字号及字重的变化，在页面上建立了信息的层次关系，帮助用户轻松阅读内容，如图5-31所示。

Type	Weight	Size	Line height
Header	Light	46px	56px
Subheader	Light	34px	40px
Title	Semilight	24px	28px
Subtitle	Regular	20px	24px
Base	Semibold	15px	20px
Body	Regular	15px	20px
Caption	Regular	12px	14px

图5-31 不同字重和字号

5.3 软件常用界面类型

软件界面设计是影响整个软件用户体验的关键所在。在软件界面中，常用界面类型为启动页、登录页、集合页、主/细节页、详细信息页及表单页。

1.启动页

启动页，英文名称为“Splash Screen”，通常是用户等待应用程序启动时的界面。出色的启动页令用户在等待软件启动时眼前一亮，并对产品留下深刻的印象，如图5-32所示。

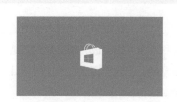

图5-32 启动页

2.登录页

登录页又称为"着陆页"，如图5-33所示。

图5-33　登录页

3.集合页

集合页方便用户浏览内容组或数据组，如图5-34所示。

图5-34　集合页

4.主/细节页

主/细节页由列表视图（主）和内容视图（细节）共同组成，如图5-35所示。

图5-35　主/细节页

5. 详细信息页

当用户要查看详细内容时，在主/细节页基础之上可创建内容的详细查看页面，以便用户能够不受干扰地查看详细内容，如图5-36所示。

图5-36　详细信息页

6.表单页

表单是一组控件，用于收集和提交来自用户的数据，如图5-37所示。

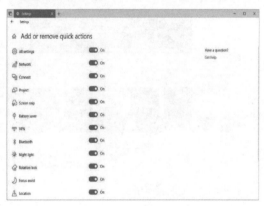

图5-37　表单页

5.4 课堂案例——制作More音乐播放器软件界面

5.4.1 制作More音乐播放器软件首页

【案例学习目标】学会使用绘图工具、文字工具和剪贴蒙版制作音乐播放器软件首页。

【案例知识要点】使用“矩形工具”添加底图颜色，使用“置入嵌入对象”命令置入图片，使用剪贴蒙版调整图片显示区域，使用“横排文字工具”添加文字，使用“矩形工具”“圆角矩形工具”“直线工具”绘制基本形状，效果如图5-38所示。

【效果所在位置】Ch05\效果\制作More音乐播放器软件界面\制作More音乐播放器软件首页.psd。

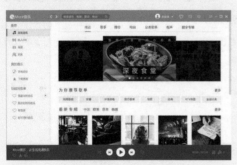

图5−38

1. 制作菜单栏及侧导航

01 按Ctrl+N组合键，弹出“新建文档”对话框，将“宽度”设为900像素，“高度”设为580像素，“分辨率”设为72像素/英寸，“背景内容”设为白色，如图5-39所示，单击“创建”按钮，完成文档的创建。

02 选择“视图 > 新建参考线版面”命令，弹出“新建参考线版面”对话框，设置如图5-40所示。单击“确定”按钮，完成参考线的创建，效果如图5-41所示。

03 选择“矩形工具” ，在属性栏的“选择工具模式”下拉列表框中选择“形状”选项，将“填充”颜色设为浅紫色（R:140，G:132，B:237），“描边”颜色设为无。在适当的位置绘制矩形，如图5-42所示，在“图层”面板中生成新的形状图层“矩形1”。

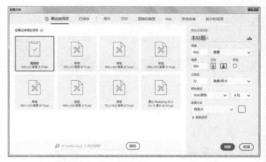

图5−39

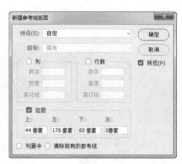

图5−40

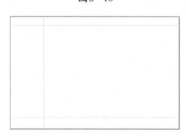

图5−41

图5−42

04 按Ctrl＋O组合键，打开学习资源中的“Ch05 >

素材 > 制作More音乐播放器软件界面 > 制作More音乐播放器软件首页 > 01"文件,选择"移动工具" ⊕，将"logo"图形拖曳到适当的位置并调整大小，效果如图5-43所示，在"图层"面板中生成新的形状图层。

图5-43

05 选择"横排文字工具" T.，在适当的位置输入需要的文字。选择文字，选择"窗口 > 字符"命令，弹出"字符"面板，将"颜色"设为浅灰色（R:245，G:245，B:247），其他选项的设置如图5-44所示。按Enter键确认操作，效果如图5-45所示，在"图层"面板中生成新的文字图层。

图5-44

图5-45

06 选择"圆角矩形工具" ◻.，在属性栏中将"填充"颜色设为无，"描边"颜色设为紫色（R:103，G:97，B:171），"粗细"选项设为1像素，"半径"选项设为2像素。在适当的位置绘制圆角矩形，如图5-46所示，在"图层"面板中生成新的形状图层"圆角矩形1"。

图5-46

07 选择"直线工具" ╱.，按住Shift键的同时在适当的位置绘制直线。在属性栏中将"填充"颜色设为无，"描边"颜色设为紫色（R:103，G:97，B:171），"粗细"选项设为1像素，如图5-47所示，在"图层"面板中生成新的形状图层"形状1"。

图5-47

08 在"01"图像窗口中选择"移动工具" ⊕.，分别将"后退"和"前进"图形拖曳到适当的位置并调整大小，效果如图5-48所示，在"图层"面板中分别生成新的形状图层。

图5-48

09 选择"圆角矩形工具" ◻.，在属性栏中将"半径"选项设为10像素，在适当的位置绘制圆角矩形。在属性栏中将"填充"颜色设为紫色（R:103，G:97，B:171），"描边"颜色设为无，如图5-49所示，在"图层"面板中生成新的形状图层并将其命名为"搜索框"。

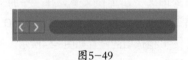

图5-49

10 选择"横排文字工具" T.，在适当的位置输入需要的文字。选择文字，在"字符"面板中，将"颜色"设为浅灰色（R:211，G:212，B:213），其他选项的设置如图5-50所示。按Enter键确认操作，效果如图5-51所示，在"图层"面板中生成新的文字图层。

11 在"01"图像窗口中，选择"移动工具" ⊕.，将"搜索"图形拖曳到适当的位置并调整大小，效果如图5-52所示，在"图层"面板中生成新的形状图层。

图5-50

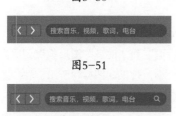

图5-51

图5-52

12 使用相同的方法，分别拖曳其他需要的形状到适当的位置并调整大小，制作出图5-53所示的效果，在"图层"面板中分别生成新的形状图层。

图5-53

13 选择"横排文字工具" T，在适当的位置输入需要的文字。选择文字，在"字符"面板中，将"颜色"设为浅灰色（R:250，G:250，B:250），其他选项的设置如图5-54所示。按Enter键确认操作，效果如图5-55所示，在"图层"面板中生成新的文字图层。

图5-54

图5-55

14 选择"直线工具" ，在属性栏中将"填充"颜色设为无，"描边"颜色设为紫色（R:103，G:97，B:171），"粗细"选项设为1像素。按住Shift键的同时在适当的位置绘制直线，如图5-56所示，在"图层"面板中生成新的形状图层"形状2"。

图5-56

15 按住Shift键的同时单击"矩形1"图层，再将需要的图层同时选中。按Ctrl+G组合键，群组图层并将其命名为"菜单栏"，如图5-57所示。

16 选择"矩形工具" ，在属性栏中将"填充"颜色设为浅灰色（R:245，G:245，B:247），"描边"颜色设为无。在适当的位置绘制矩形，如图5-58所示，在"图层"面板中生成新的形状图层"矩形2"。

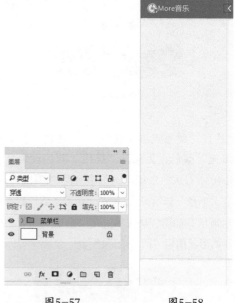

图5-57　　　　　　图5-58

17 选择"视图 > 新建参考线"命令，弹出"新建参考线"对话框，在18像素的位置建立垂直参考线，设置如图5-59所示。单击"确定"按钮，完成参考线的创建。

图5-59

18 单击"图层"面板下方的"添加图层样式"按钮 fx，在弹出的菜单中选择"投影"命令，弹出"图层样式"对话框，将投影颜色设为浅灰色（R:153，G:151，B:151），其他选项的设置如图5-60所示，单击"确定"按钮，效果如图5-61所示。

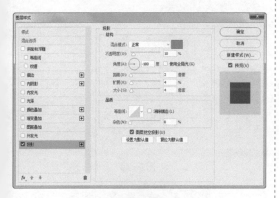

图5-60

图5-61

19 选择"横排文字工具" T，在距离上方形状8像素的位置输入需要的文字。选择文字，在"字符"面板中，将"颜色"设为灰色（R:103，G:103，B:103），其他选项的设置如图5-62所示。按Enter键确认操作，效果如图5-63所示，在"图层"面板中生成新的文字图层。

图5-62

图5-63

20 选择"矩形工具" □，在属性栏中将"填充"颜色设为浅灰色（R:230，G:231，B:234），"描边"颜色设为无。在距离上方文字8像素的位置绘制矩形，如图5-64所示，在"图层"面板中生成新的形状图层"矩形3"。使用相同的方法再次绘制一个矩形，在属性栏中将"填充"颜色设为浅紫色（R:140，G:132，B:237），"描边"颜色设为无，如图5-65所示，在"图层"面板中生成新的形状图层"矩形4"。

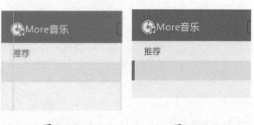

图5-64　　　　　图5-65

21 选择"横排文字工具" T.，在适当的位置输入需要的文字。选择文字，在"字符"面板中，将"颜色"设为黑色，其他选项的设置如图5-66所示，按Enter键确认操作，效果如图5-67所示。使用相同的方法再次输入文字。选择文字，在"字符"面板中，将"颜色"设为灰色（R:103，G:103，B:103），其他选项的设置如图5-68所示，按Enter键确认操作，效果如图5-69所示，在"图层"面板中生成新的文字图层。

图5-66   图5-67

图5-68

图5-69

22 使用上述的方法，分别输入其他文字，制作出

图5-70所示的效果，在"图层"面板中分别生成新的文字图层。在"02"图像窗口中，选择"移动工具" ✛，将"音乐"图形拖曳到适当的位置并调整大小，效果如图5-71所示，在"图层"面板中生成新的形状图层。

图5-70

图5-71

23 使用相同的方法，分别拖曳其他需要的形状到适当的位置并调整大小，制作出图5-72所示的效果，在"图层"面板中分别生成新的形状图层。

24 按住Shift键的同时单击"音乐"图层，再将需要的图层同时选中。按Ctrl+G组合键，群组图层并将其命名为"小图标"，如图5-73所示。按住Shift键的同时单击"矩形 2"图层，再将需要的图层同时选中。按Ctrl+G组合键，群组图层并将其命名为"侧导航"，如图5-74所示。

图5-72

图5-73

图5-74

2. 制作内容区及控制栏

01 选择"横排文字工具" T，在距离上方参考线16像素的位置输入需要的文字。选择文字，在"字符"面板中，将"颜色"设为深灰色（R:39，G:39，B:39），其他选项的设置如图5-75所示，按Enter键确认操作，在"图层"面板中生成新的文字图层。选择文字"精选"，在"字符"面板中，将"颜色"设为浅紫色（R:140，G:132，B:237），效果如图5-76所示。

图5-75

图5-76

02 选择"直线工具" ，在属性栏中将"填充"颜色设为无，"描边"颜色设为浅灰色（R:230，G:230，B:231），"粗细"选项设为1像素。按住Shift键的同时在距离上方文字10像素的位置绘制直线，如图5-77所示，在"图层"面板中生成新的形状图层"形状3"。使用相同的方法，再次在距离上方文字8像素的位置绘制直线，在属性栏中将"填充"颜色设为无，"描边"颜色设为浅紫色（R:140，G:132，B:237），"H"选项设为2像素，如图5-78所示，在"图层"面板中生成新的形状图层"形状4"。

图5-77

图5-78

03 选择"视图 > 新建参考线"命令，弹出"新建参考线"对话框，在100像素的位置建立水平参考线，设置如图5-79所示。单击"确定"按钮，完成参考线的创建。使用相同的方法，在274像素的位置建立水平参考线，效果如图5-80所示。

图5-79

图5-80

04 选择"圆角矩形工具" ，在属性栏中将"填充"颜色设为浅灰色（R:215，G:215，B:215），"描边"颜色设为浅灰色（R:211，G:211，B:211），"粗细"选项设为2像素，"半径"选项设为4像素，在适当的位置绘制圆角矩

形，效果如图5-81所示，在"图层"面板中生成新的形状图层并将其命名为"滚动条"。

图5-81

05 按住Shift键的同时单击"精选 歌手 …"图层，再将需要的图层同时选中。按Ctrl+G组合键，群组图层并将其命名为"导航栏"，如图5-82所示。

图5-82

06 选择"矩形工具" ，在属性栏中将"填充"颜色设为黑色，"描边"颜色设为无。在距离上方参考线18像素的位置绘制矩形，如图5-83所示，在"图层"面板中生成新的形状图层"矩形5"。

图5-83

07 按Ctrl+J组合键，复制"矩形5"图层，在"图层"面板中生成新的形状图层"矩形5 拷贝"。在"图层"面板上方，将混合模式设为"正片叠底"，"不透明度"选项设为80%，如图5-84所示，按Enter键确认操作。单击"矩形5 拷贝"图层左侧的"眼睛"图标 ，隐藏该图层，选择"矩形5"图层，如图5-85所示。

图5-84

图5-85

08 选择"文件 > 置入嵌入对象"命令，弹出"置入嵌入的对象"对话框，选择学习资源中的"Ch05 > 素材 > 制作 More 音乐播放器软件界面 > 制作More音乐播放器软件首页 > 02"文件，单击"置入"按钮，将图片置入图像窗口中。将其拖曳到适当的位置并调整大小，按 Enter 键确认操作，在"图层"面板中生成新的图层。按 Alt+Ctrl+G 组合键，为"02"图层创建剪贴蒙版，效果如图 5-86 所示。

09 选择"椭圆工具" ○ ，在属性栏中将"填充"颜色设为淡灰色（R:220，G:220，B:220），"描边"颜色设为无。按住Shift键的同时在距离上方参考线42像素的位置绘制圆形，在"图层"面板中生成新的形状图层"椭圆1"。单击"图

层"面板下方的"添加图层蒙版"按钮 ▢ ，为"椭圆1"图层添加图层蒙版，如图5-87所示。

图5-86

图5-87

10 选择"渐变工具" ▣ ，单击属性栏中的"点按可编辑渐变"下拉列表框 ▭ ，弹出"渐变编辑器"对话框，将渐变色设为黑色到白色，单击"确定"按钮。按住Shift键的同时在图像窗口中由下至上填充渐变色，效果如图5-88所示。

图5-88

11 选择"直排文字工具" ⬝T ，在适当的位置输入需要的文字。选择文字，在"字符"面板中，将"颜色"设为黑色，其他选项的设置如图5-89所示，按Enter键确认操作，效果如图5-90所示，在"图层"面板中生成新的文字图层。

图5-89

图5-90

14 选择"直排文字工具" **↓T.**，在适当的位置输入需要的文字。选择文字，在"字符"面板中，将"颜色"设为白色，其他选项的设置如图5-93所示，按Enter键确认操作，效果如图5-94所示。使用相同的方法再次输入文字，制作出图5-95所示的效果，在"图层"面板中分别生成新的文字图层。

图5-93

图5-94　　　　　图5-95

12 选择"圆角矩形工具" □.，在属性栏中将"填充"颜色设为黑色，"描边"颜色设为无，"半径"选项设为4像素。在适当的位置绘制圆角矩形，如图5-91所示，在"图层"面板中生成新的形状图层并将其命名为"挂牌"。

图5-91

13 选择"直线工具" ∕.，按住Alt+Shift组合键的同时在适当的位置绘制直线，如图5-92所示。

15 选择"直线工具" ∕.，在属性栏中将"填充"颜色设为无，"描边"颜色设为白色，"粗细"选项设为1像素。在适当的位置绘制直线，效果如图5-96所示。按住Alt+Shift组合键的同时使用相同的方法绘制多条直线，效果如图5-97所示，在"图层"面板中生成新的形状图层并将其命名为"装饰线"。单击"矩形5 拷贝"图层左侧的空白图标▇，显示该图层，效果如图5-98所示。

图5-92

图5-96

图5-97

图5-98

16 按住Shift键的同时单击"矩形5"图层，再将需要的图层同时选中。按Ctrl+G组合键，群组图层并将其命名为"左侧Banner"，如图5-99所示。使用相同的方法制作其他图层组，如图5-100所示，效果如图5-101所示。

图5-99　　　　　图5-100

图5-101

17 选择"视图 > 新建参考线"命令，弹出"新建参考线"对话框，在300像素的位置建立水平参考

线，设置如图5-102所示。单击"确定"按钮，完成参考线的创建。

图5-102

18 选择"横排文字工具" T，在适当的位置输入需要的文字。选择文字，在"字符"面板中，将"颜色"设为深灰色（R:39，G:39，B:39），其他选项的设置如图5-103所示，按Enter键确认操作。使用相同的方法再次输入文字，制作出图5-104所示的效果，在"图层"面板中分别生成新的文字图层。

图5-103

图5-104

19 选择"矩形工具" □，在属性栏中将"填充"颜色设为浅灰色（R:241，G:241，B:241），"描边"颜色设为无。在距离上方文字16像素的位置绘制矩形，如图5-105所示，在"图层"面板中生成新的形状图层"矩形9"。

图5-105

20 选择"横排文字工具" T., 在适当的位置输入需要的文字。选择文字，在"字符"面板中，将"颜色"设为深灰色（R:39，G:39，B:39），其他选项的设置如图5-106所示。按Enter键确认操作，效果如图5-107所示，在"图层"面板中生成新的文字图层。

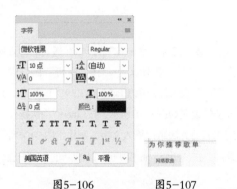

图5-106   图5-107

21 使用相同的方法，制作出图5-108所示的效果，在"图层"面板中分别生成新的形状和文字图层。按住Shift键的同时单击"矩形9"图层，再将需要的图层同时选中。按Ctrl+G组合键，群组图层并将其命名为"标签"，如图5-109所示。

图5-108

图5-109

22 使用上述的方法，分别输入文字并设置合适的字体和大小，效果如图5-110所示，在"图层"面板中分别生成新的文字图层。

图5-110

23 选择"视图 > 新建参考线版面"命令，弹出"新建参考线版面"对话框，设置如图5-111所示。单击"确定"按钮，完成参考线的创建。

图5-111

24 选择"矩形工具" □., 在属性栏中将"填充"颜色设为浅灰色（R:241，G:241，B:241），"描边"颜色设为无。在适当的位置绘制矩形，如图5-112所示，在"图层"面板中生成新的形状图层"矩形10"。

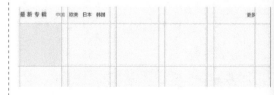

图5-112

25 选择"文件 > 置入嵌入对象"命令，弹出"置入嵌入的对象"对话框，选择学习资源中的"Ch05 > 素材 > 制作More音乐播放器软件界面 > 制作More音乐播放器软件首页 > 05"文件，单击"置入"按钮，将图片置入图像窗口中，将其拖曳到适当的位置并调整大小，按Enter键确认操作，在"图层"面板中生成新的图层。按Alt+Ctrl+G组合键，为"05"图层创建剪贴蒙版，效果如图5-113所示。使用相同的方法制作出图5-114所示的效果，在"图层"面板中分别生成新的图层。

图5-116

28 选择"横排文字工具" T.，在适当的位置输入需要的文字。选择文字，在"字符"面板中，将"颜色"设为浅灰色（R:231，G:231，B:231），其他选项的设置如图5-117所示。按Enter键确认操作，效果如图5-118所示，在"图层"面板中生成新的文字图层。

图5-113

图5-114

26 按住Shift键的同时单击"导航栏"图层组，再将需要的图层同时选中。按Ctrl+G组合键，群组图层并将其命名为"内容区"，如图5-115所示。

图5-117

图5-118

29 在"01"图像窗口中，选择"移动工具" ⊕，将"心形"图形拖曳到适当的位置并调整大小，在"图层"面板中生成新的形状图层。选择"矩形工具" □，在属性栏中将"填充"颜色设为浅灰色（R:175，G:175，B:175），效果如图5-119所示。

图5-115

27 选择"矩形工具" □，在属性栏中将"填充"颜色设为深紫色（R:45，G:43，B:90），"描边"颜色设为无。在适当的位置绘制矩形，如图5-116所示，在"图层"面板中生成新的形状图层"矩形11"。

图5-119

30 使用相同的方法，分别拖曳其他需要的形状到适当的位置并调整大小，制作出图5-120所示的效果，在"图层"面板中分别生成新的形状图层。

图5-120

31 选择"横排文字工具" T.，在适当的位置输入需要的文字。选择文字，在"字符"面板中，将"颜色"设为浅灰色（R:175，G:175，B:175），其他选项的设置如图5-121所示，按Enter键确认操作。使用相同的方法分别输入其他文字，制作出图5-122和图5-123所示的效果，在"图层"面板中分别生成新的文字图层。

图5-121　　　　图5-122

32 按住Shift键的同时单击"矩形11"图层，再将需要的图层同时选中。按Ctrl+G组合键，群组图层并将其命名为"控制栏"，如图5-124所示。

图5-123　　　　图5-124

33 按Ctrl+S组合键，弹出"另存为"对话框，将其命名为"制作More音乐播放器软件首页"，保存为PSD格式。单击"保存"按钮，弹出"Photoshop格式选项"对话框，单击"确定"按钮，将文件保存。More音乐播放器软件首页制作完成。

5.4.2 制作More音乐播放器软件歌单页

【案例学习目标】学会使用绘图工具、文字工具和"创建剪贴蒙版"命令制作音乐播放器软件歌单页。

【案例知识要点】使用"置入嵌入对象"命令置入图片，使用剪贴蒙版调整图片显示区域，使用"横排文字工具"添加文字，使用"矩形工具"和"直线工具"绘制基本形状，效果如图5-125所示。

【效果所在位置】Ch05\效果\制作More音乐播放器软件界面\制作More音乐播放器软件歌单页.psd。

图5-125

01 按Ctrl+N组合键，弹出"新建文档"对话框，将"宽度"设为900像素，"高度"设为580像素，"分辨率"设为72像素/英寸，"背景内容"设为白色，如图5-126所示，单击"创建"按钮，完成文档的创建。

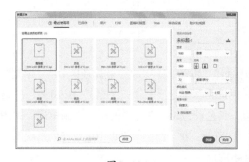

图5-126

02 在"制作More音乐播放器软件首页"图像窗口中，展开"内容区"图层组，选择"导航栏"图层组，按住Shift键的同时单击"菜单栏"图层组，将需要的图层组同时选中，如图5-127所示。单击鼠标右键，在弹出的菜单中选择"复制图层"命令，在弹出的对话框中进行设置，如图5-128所示，单击"确定"按钮，效果如图5-129所示。将复制的图层拖曳到当前文档中。

图5-127

图5-128

图5-129

03 选择"圆角矩形工具" ▢.，在属性栏的"选择工具模式"下拉列表框中选择"形状"选项，将"填充"颜色设为无，"描边"颜色设为浅灰色（R:230，G:230，B:231），"粗细"选项设为1

像素，"半径"选项设为2像素。在距离上方形状16像素的位置绘制圆角矩形，如图5-130所示，在"图层"面板中生成新的形状图层"圆角矩形2"。

图5-130

04 选择"横排文字工具" T.，在适当的位置输入需要的文字。选择文字，选择"窗口 > 字符"命令，弹出"字符"面板，将"颜色"设为深灰色（R:39，G:39，B:39），其他选项的设置如图5-131所示，按Enter键确认操作，效果如图5-132所示，在"图层"面板中生成新的文字图层。

图5-131

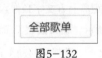

图5-132

05 按Ctrl+O组合键，打开学习资源中的"Ch05 > 素材 > 制作More音乐播放器软件界面 > 制作More音乐播放器软件歌单页 > 01"文件，选择"移动工具" ✛.，将"下拉"图形拖曳到适当的位置并调整大小，效果如图5-133所示，在"图层"面板中生成新的形状图层。

图5-133

06 选择"横排文字工具" T ，在距离上方形状10像素的位置输入需要的文字。选择文字，在"字符"面板中，将"颜色"设为深灰色（R:39，G:39，B:39），其他选项的设置如图5-134所示，按Enter键确认操作，效果如图5-135所示。使用相同的方法输入其他文字，在"字符"面板中，将"颜色"设为浅灰色（R:103，G:103，B:103），效果如图5-136所示，在"图层"面板中分别生成新的文字图层。

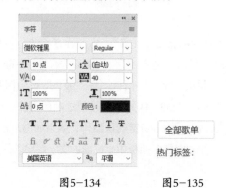

图5-134　　　　图5-135

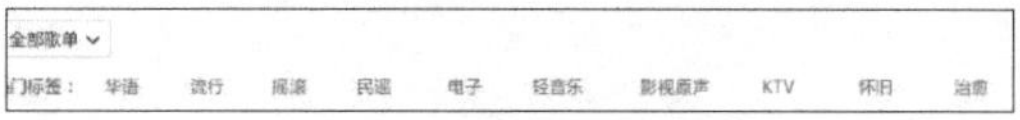

图5-136

07 选择"直线工具" ⁄ ，在属性栏中将"填充"颜色设为无，"描边"颜色设为浅灰色（R:211，G:208，B:209），"粗细"选项设为1像素。按住Shift键的同时在距离上方文字12像素的位置绘制直线，如图5-137所示，在"图层"面板中生成新的形状图层"形状5"。选择"移动工具" ⊕ ，按住Alt+Shift组合键的同时选择直线并向右拖曳到适当的位置，如图5-138所示，在"图层"面板中生成新的形状图层"形状5 拷贝"。

全部歌单 ⌄

热门标签：　华语　｜　流行　｜　摇滚

图5-137

全部歌单 ⌄

热门标签：　华语　｜　流行　｜　摇滚

图5-138

08 使用相同的方法，制作出图5-139所示的效果，在"图层"面板中分别生成新的形状图层。

图5-139

09 按住Shift键的同时单击"圆角矩形2"图层，再将需要的图层同时选中。按Ctrl+G组合键，群组图层并将其命名为"标签"，如图5-140所示。

图5-140

10 选择"视图 > 新建参考线版面"命令，弹出"新建参考线版面"对话框，设置如图5-141所示。单击"确定"按钮，完成参考线的创建，效果如图5-142所示。

11 选择"矩形工具" ▢ ，在属性栏中将"填充"颜色设为深紫色（R:45，G:43，B:90），"描边"颜色设为无。按住Shift键的同时在适当的位置绘制矩形，如图5-143所示，在"图层"面板中生成新的形状图层"矩形5"。

图5-141

图5-142

图5-145

图5-143

图5-146

12 在"01"图像窗口中选择"移动工具" ⊕ ，将"皇冠"图形拖曳到适当的位置并调整大小，效果如图5-144所示，在"图层"面板中生成新的形状图层。

14 使用相同的方法，在距离上方形状18像素的位置输入需要的文字。选择文字，在"字符"面板中，将"颜色"设为深灰色（R:39，G:39，B:39），其他选项的设置如图5-147所示。按Enter键确认操作，效果如图5-148所示，在"图层"面板中生成新的文字图层。

图5-144

图5-147

13 选择"横排文字工具" T. ，在距离上方形状10像素的位置输入需要的文字。选择文字，在"字符"面板中将"颜色"设为淡黄色（R:242，G:213，B:132），其他选项的设置如图5-145所示。按Enter键确认操作，效果如图5-146所示，在"图层"面板中生成新的文字图层。

图5-148

15 按住Shift键的同时单击"矩形5"图层，再将需要的图层同时选中。按Ctrl+G组合键，群组图层并将其命名为"歌单1"，如图5-149所示。

图5-149

16 选择"矩形工具" ☐ ，在属性栏中将"填充"颜色设为黑色，"描边"颜色设为无。在适当的位置绘制矩形，如图5-150所示，在"图层"面板中生成新的形状图层"矩形6"。

图5-150

17 选择"文件 > 置入嵌入对象"命令，弹出"置入嵌入的对象"对话框，选择学习资源中的"Ch05 > 素材 > 制作More音乐播放器软件界面 > 制作More音乐播放器软件歌单页 > 02"文件，单击"置入"按钮，将图片置入图像窗口中。将其拖曳到适当的位置并调整大小，按Enter键确认操作，在"图层"面板中生成新的图层，并将其命名为"02"。按Alt+Ctrl+G组合键，为"02"图层创建剪贴蒙版，效果如图5-151所示。

18 在"01"图像窗口中选择"移动工具" ✛ ，将"耳机"图形拖曳到适当的位置并调整大小，效果如图5-152所示，在"图层"面板中生成新的形状图层。

图5-151

图5-152

19 选择"横排文字工具" T ，在适当的位置输入需要的文字。选择文字，在"字符"面板中将"颜色"设为白色，其他选项的设置如图5-153所示，按Enter键确认操作，效果如图5-154所示，在"图层"面板中生成新的文字图层。

图5-153　　　　　　　图5-154

20 使用上述的方法，制作出图5-155所示的效果，在"图层"面板中分别生成新的文字图层和形状图层。

21 按住Shift键的同时单击"矩形6"图层，再将需要的图层同时选中。按Ctrl+G组合键，群组图层并将其命名为"歌单2"，如图5-156所示。

图5-155

图5-156

图5-158

图5-159

22 使用相同的方法制作出其他图层组，如图5-157所示，效果如图5-158所示。按住Shift键的同时单击"导航栏"图层组，将需要的图层组同时选中。按Ctrl+G组合键，群组图层组并将其命名为"内容区"，如图5-159所示。

23 在"制作More音乐播放器软件首页"图像窗口中选择"控制栏"图层组。单击鼠标右键，在弹出的菜单中选择"复制组"命令，在弹出的对话框中进行设置，如图5-160所示，单击"确定"按钮，效果如图5-161所示。将复制的图层拖曳到当前文档中。

图5-160

图5-161

图5-157

24 按Ctrl+S组合键，弹出"另存为"对话框，将其命名为"制作More音乐播放器软件歌单页"，保存为PSD格式。单击"保存"按钮，弹出"Photoshop格式选项"对话框，单击"确定"按钮，将文件保存。More音乐播放器软件歌单页制作完成。

5.4.3 制作More音乐播放器软件歌曲列表页

【案例学习目标】学会使用绘图工具、文字工具和"创建剪贴蒙版"命令制作音乐播放器软件歌曲列表页。

【案例知识要点】使用"置入嵌入对象"命令置入图片，使用剪贴蒙版调整图片显示区域，使用"横排文字工具"添加文字，使用"矩形工具""圆角矩形工具""椭圆工具""直线工具"绘制基本形状，效果如图5-162所示。

【效果所在位置】Ch05\效果\制作More音乐播放器软件界面\制作More音乐播放器软件歌曲列表页.psd。

图5-162

01 按Ctrl+N组合键，弹出"新建文档"对话框，将"宽度"设为900像素，"高度"设为580像素，"分辨率"设为72像素/英寸，"背景内容"设为白色，如图5-163所示，单击"创建"按钮，完成文档的创建。

图5-163

02 在"制作More音乐播放器软件歌单页"图像窗口中，选择"侧导航"图层组，按住Shift键的同时单击"菜单栏"图层组，将需要的图层组同时选中，如图5-164所示。单击鼠标右键，在弹出的菜单中选择"复制图层"命令，在弹出的对话框中进行设置，如图5-165所示，单击"确定"按钮，效果如图5-166所示。将复制的图层拖曳到当前文档中。

图5-164

图5-165

图5-166

03 选择"视图 > 新建参考线"命令，弹出"新建参考线"对话框，在72像素的位置建立水平参考线，设置如图5-167所示。单击"确定"按钮，完成参考线的创建。使用相同的方法，再次在202像素的位置建立垂直参考线，效果如图5-168所示。

04 选择"矩形工具" ▢ ，在属性栏的"选择工具模式"下拉列表框中选择"形状"选项，将"填充"颜色设为黑色，"描边"颜色设为无。按住

Shift键的同时在适当的位置绘制矩形，如图5-169所示，在"图层"面板中生成新的形状图层"矩形5"。

图5-167

图5-168

05 选择"文件 > 置入嵌入对象"命令，弹出"置入嵌入的对象"对话框，选择学习资源中的"Ch05 > 素材 > 制作More音乐播放器软件界面 > 制作More音乐播放器软件歌曲列表页 > 02"文件，单击"置入"按钮，将图片置入图像窗口中。将图片拖曳到适当的位置并调整大小，按Enter键确认操作，在"图层"面板中生成新的图层。按Alt+Ctrl+G组合键，为"02"图层创建剪贴蒙版，效果如图5-170所示。

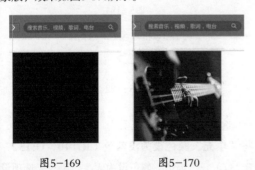

图5-169　　　　图5-170

06 选择"圆角矩形工具" ◻.，在属性栏中将"填充"颜色设为无，"描边"颜色设为橘红色（R:222，G:47，B:49），"粗细"选项设为1像

素，"半径"选项设为2像素。在距离上方形状6像素的位置绘制圆角矩形，如图5-171所示，在"图层"面板中生成新的形状图层"圆角矩形2"。

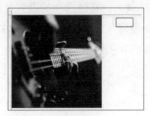

图5-171

07 选择"横排文字工具" T.，在适当的位置输入需要的文字。选择文字，选择"窗口 > 字符"命令，弹出"字符"面板，将"颜色"设为橘红色（R:222，G:47，B:49），其他选项的设置如图5-172所示，按Enter键确认操作，效果如图5-173所示。使用相同的方法在距离上方参考线4像素的位置输入文字。选择文字，在"字符"面板中将"颜色"设为深灰色（R:39，G:39，B:39），其他选项的设置如图5-174所示。按Enter键确认操作，效果如图5-175所示，在"图层"面板中分别生成新的文字图层。

图5-172　　　　　　　图5-173

图5-174　　　　图5-175

191

08 使用相同的方法在距离上方参考线4像素的位置分别输入需要的文字。选择文字，在"字符"面板中，将"颜色"设为浅灰色（R:154，G:154，B:154），其他选项的设置如图5-176所示。按Enter键确认操作，效果如图5-177所示，在"图层"面板中分别生成新的文字图层。

图5-176 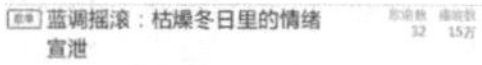　　　　　　图5-177

09 选择"直线工具" ✐ ，在属性栏中将"填充"颜色设为无，"描边"颜色设为浅灰色（R:230，G:230，B:230），"粗细"选项设为1像素。按住Shift键的同时在距离上方参考线6像素的位置绘制直线，如图5-178所示，在"图层"面板中生成新的形状图层"形状3"。

图5-178

10 选择"椭圆工具" ◯ ，按住Shift键的同时在距离上方文字10像素的位置绘制圆形。在属性栏中将"填充"颜色设为浅灰色（R:230，G:230，B:230），"描边"颜色设为无，如图5-179所示，在"图层"面板中生成新的形状图层"椭圆1"。

图5-179

11 选择"文件 > 置入嵌入对象"命令，弹出"置入嵌入的对象"对话框，选择学习资源中的"Ch05 > 素材 > 制作More音乐播放器软件界

面 > 制作More音乐播放器软件歌曲列表页 > 03"文件，单击"置入"按钮，将图片置入图像窗口中，将其拖曳到适当的位置并调整大小，按Enter键确认操作，在"图层"面板中生成新的图层并将其命名为"头像"。按Alt+Ctrl+G组合键，为"头像"图层创建剪贴蒙版，效果如图5-180所示。

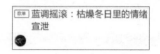

图5-180

12 选择"横排文字工具" T. ，在距离上方文字20像素的位置输入文字。选择文字，在"字符"面板中，将"颜色"设为深灰色（R:115，G:115，B:115），其他选项的设置如图5-181所示，按Enter键确认操作。使用相同的方法输入其他文字，制作出图5-182所示的效果，在"图层"面板中分别生成新的文字图层。

图5-181

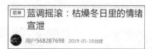

图5-182

13 选择"圆角矩形工具" ◻ ，在属性栏中，将"填充"颜色设为浅紫色（R:140，G:132，B:237），"描边"颜色设为无，"半径"选项设为2像素。在距离上方形状16像素的位置绘制圆角矩形，如图5-183所示，在"图层"面板中生成新的形状图层"圆角矩形3"。

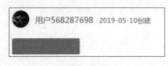

图5-183

14 按Ctrl＋O组合键，打开学习资源中的"Ch05＞素材＞制作More音乐播放器软件界面＞制作More音乐播放器软件歌曲列表页＞01"文件，选择"移动工具" ⊕ ，将"播放"图形拖曳到适当的位置并调整大小，效果如图5-184所示。使用相同的方法拖曳其他需要的形状到适当的位置，制作出图5-185所示的效果，在"图层"面板中分别生成新的形状图层。

图5-184   图5-185

15 选择"横排文字工具" T. ，在适当的位置输入需要的文字。选择文字，在"字符"面板中将"颜色"设为白色，其他选项的设置如图5-186所示，按Enter键确认操作，效果如图5-187所示，在"图层"面板中生成新的文字图层。

图5-186   图5-187

16 使用相同的方法，制作出图5-188所示的效果，在"图层"面板中分别生成新的文字和形状图层。

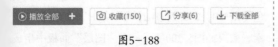

图5-188

17 选择"横排文字工具" T. ，在适当的位置输入需要的文字。选择文字，在"字符"面板中将"颜色"设为黑色，其他选项的设置如图5-189所示，按Enter键确认操作，在"图层"面板中生成新的文字图层。分别选择文字"欧美"和"摇滚"，在"字符"面板中将"颜色"设为浅紫色（R:140，G:132，B:237），效果如图5-190所示。

图5-189

图5-190

18 在"01"图像窗口中，选择"移动工具" ⊕ ，将"下拉"图形拖曳到适当的位置并调整大小，效果如图5-191所示，在"图层"面板中生成新的形状图层。

图5-191

19 按住Shift键的同时单击"矩形5"图层，再将需要的图层同时选中。按Ctrl+G组合键，群组图层并将其命名为"详情区"，如图5-192所示。

20 选择"视图＞新建参考线"命令，弹出"新建参考线"对话框，在300像素的位置建立水平参考线，设置如图5-193所示。单击"确定"按钮，完成参考线的创建。

图5-192　　　　　　　　　图5-193

21 选择"横排文字工具" T.，在适当的位置输入需要的文字。选择文字，在"字符"面板中将"颜色"设为黑色，其他选项的设置如图5-194所示，按Enter键确认操作，在"图层"面板中生成新的文字图层。选择文字"歌曲列表"，在"字符"面板中将"颜色"设为浅紫色（R:140，G:132，B:237），效果如图5-195所示。

图5-194

图5-195

22 选择"圆角矩形工具" □.，在属性栏中将"填充"颜色设为无，"描边"颜色设为浅灰色（R:230，G:230，B:231），"粗细"选项设为1像素，"半径"选项设为10像素。在距离上方文字40像素的位置绘制圆角矩形，如图5-196所示，在"图层"面板中生成新的形状图层"圆角矩形5"。

图5-196

23 选择"横排文字工具" T.，在适当的位置输入文字。选择文字，在"字符"面板中将"颜色"设为浅灰色（R:203，G:203，B:203），其他选项的设置如图5-197所示，按Enter键确认操作，效果如图5-198所示，在"图层"面板中生成新的文字图层。

图5-197

图5-198

24 在"01"图像窗口中，选择"移动工具" ⊕.，将"搜索"图形拖曳到适当的位置并调整大小，效果如图5-199所示，在"图层"面板中生成新的形状图层。

图5-199

25 选择"直线工具" ／.，按住Shift键的同时在距离上方文字6像素的位置绘制直线。在属性栏中将"填充"颜色设为无，"描边"颜色设为浅紫色（R:140，G:132，B:237），"H"选项设为4像素，效果如图5-200所示，在"图层"面板中生成新的形状图层"形状4"。使用相同的方法，在距离上方文字10像素的位置再次绘制一条直线。在属性栏中将"填充"颜色设为无,"描边"颜色设为浅灰色(R:231,G:231,B:232),"H"选项设为1像素,效果如图5-201所示,在"图层"面板中生成新的形状图层"形状5"。

图5-200

图5-201

26 选择"移动工具"![],按住Alt+Shift组合键的同时选择直线并向下拖曳到适当的位置,如图5-202所示,在"图层"面板中生成新的形状图层"形状5 拷贝"。

图5-202

27 选择"直线工具"![],按住Shift键的同时在适当的位置绘制直线。在属性栏中将"填充"颜色设为无,"描边"颜色设为浅灰色(R:231,G:231,B:232),"H"选项设为1像素,效果如图5-203所示,在"图层"面板中生成新的形状图层"形状6"。

图5-203

28 选择"移动工具"![],按住Alt+Shift组合键的同时选择直线并向右拖曳到适当的位置,效果如图5-204所示,在"图层"面板中生成新的形状图层"形状6 拷贝"。使用相同的方法制作出图5-205所示的效果,在"图层"面板中分别生成新的形状图层。

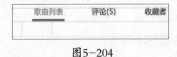

图5-204

图5-205

29 选择"横排文字工具"![T.],在适当的位置输入需要的文字。选择文字,在"字符"面板中将"颜色"设为深灰色(R:73,G:73,B:73),其他选项的设置如图5-206所示。按Enter键确认操作,效果如图5-207所示,在"图层"面板中生成新的文字图层。

图5-206

图5-207

30 在距离上方形状10像素的位置,单击并拖曳出一个段落文本框,输入需要的文字。选择文字,在"字符"面板中,将"颜色"设为灰色(R:117,G:117,B:117),其他选项的设置如图5-208所示,按Enter键确认操作,效果如图5-209所示。使用相同的方法分别输入其他文字,效果如图5-210所示,在"图层"面板中分别生成新的文字图层。

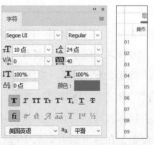

图5-208　　　图5-209

图5-210

31 在"01"图像窗口中,选择"移动工具" ⊕ ,将"心形"图形拖曳到适当的位置并调整大小,效果如图5-211所示。使用相同的方法,分别拖曳需要的形状到适当的位置,制作出图5-212所示的效果,在"图层"面板中分别生成新的形状图层。

图5-211　　　　　图5-212

32 按住Shift键的同时单击"心形"图层,再将需要的图层同时选中。按Ctrl+G组合键,群组图层并将其命名为"小图标",如图5-213所示。按住Shift键的同时单击"歌曲列表　评论(5)…"图层,再将需要的图层同时选中。按Ctrl+G组合键,群组图层并将其命名为"歌单区",如图5-214所示。

33 在"制作More音乐播放器软件歌单页"图像窗口中展开"内容区"图层组,展开"导航栏"图层组,选择"滚动条"图层。按住Ctrl键的同时单击"控制栏"图层组,将其同时选中,如图5-215所示。单击鼠标右键,在弹出的菜单中选择"复制图层"命令,在弹出的对话框中进行设置,如

图5-216所示,单击"确定"按钮,效果如图5-217所示。将复制的图层拖曳到当前文档中。

图5-213　　　　　图5-214

图5-215　　　　　图5-216

图5-217

34 选择"滚动条"图层,按住Shift键的同时单击"详情区"图层组,再将需要的图层同时选中。按Ctrl+G组合键,群组图层并将其命名为"内容区",如图5-218所示。

图5-218

35 按Ctrl+S组合键，弹出"另存为"对话框，将其命名为"制作More音乐播放器软件歌曲列表页"，保存为PSD格式。单击"保存"按钮，弹出"Photoshop 格式选项"对话框，单击"确定"按钮，将文件保存。More音乐播放器软件歌曲列表页制作完成。

5.5 课堂练习——制作Song音乐播放器软件界面

【练习学习目标】学会使用绘图工具、文字工具和"创建剪贴蒙版"命令制作音乐播放器软件。

【练习知识要点】使用"置入嵌入对象"命令置入图片，使用剪贴蒙版调整图片显示区域，使用"横排文字工具"添加文字，使用"矩形工具""圆角矩形工具""椭圆工具""直线工具"绘制基本形状，效果如图5-219所示。

【效果所在位置】Ch05\效果\制作Song音乐播放器软件界面。

图5-219

【**习题学习目标**】学会使用绘图工具、文字工具和"创建剪贴蒙版"命令制作音乐播放器软件。

【**习题知识要点**】使用"置入嵌入对象"命令置入图片，使用剪贴蒙版调整图片显示区域，使用"横排文字工具"添加文字，使用"矩形工具""圆角矩形工具""椭圆工具""直线工具"绘制基本形状，效果如图5-220所示。

【**效果所在位置**】Ch05\效果\制作Coolplayer音乐播放器软件界面。

图5-220

第 6 章

游戏界面设计

本章介绍

游戏界面设计泛指对游戏的操作界面进行美化设计。本章将针对游戏界面的基础知识、设计规范、常用类型及绘制方法进行系统的讲解与演练。通过对本章的学习，读者可以对游戏界面设计有一个基本的认识，并快速掌握绘制游戏常用界面的规范和方法。

学习目标

◆ 了解游戏界面设计的基础知识
◆ 掌握游戏界面设计的规范
◆ 认识游戏常用界面的类型

技能目标

◆ 掌握益智类游戏商城界面的绘制方法
◆ 掌握益智类游戏操作界面的绘制方法
◆ 掌握益智类游戏胜利界面的绘制方法

游戏界面设计的基础知识主要包括游戏界面设计的概念、游戏界面设计的流程及游戏界面设计的原则。

6.1.1 游戏界面设计的概念

游戏界面，又被称为"游戏UI"，英文名称为"Game UI"，它是界面设计的一个分支，用来专门设计游戏画面内容。设计游戏界面时需要将必要的信息合理地分布在界面上，引导用户进行交互操作，它是玩家与游戏进行沟通的桥梁，如图6-1所示。游戏界面又可以分为网页游戏界面、手机游戏界面、电视游戏界面等类型。

图6-1 游戏界面

6.1.2 游戏界面设计的流程

游戏界面的设计流程可以按照分析调研、交互设计、交互自查、视觉设计、设计跟进、设计验证的步骤来进行，如图6-2所示。

图6-2 游戏界面设计的流程

1.分析调研

游戏界面的设计是根据用户的需求、游戏的定位及游戏的类型而进行的。游戏的定位和类型不同，其设计风格也会有所区别，如图6-3所示。因此先分析产品需求，了解游戏受众，最后还要通过同类型的游戏竞品调研，明确设计方向。

图6-3 不同的游戏定位、不同的游戏类型，

其设计风格也不同

图6-3 不同的游戏定位、不同的游戏类型，
其设计风格也不同（续）

2.交互设计

交互设计是对整个游戏设计进行初步构思和制定的一个阶段，一般需要进行架构设计、流程图设计、低保真原型、线框图设计等具体工作，如图6-4所示。

图6-4 游戏界面草图

3.交互自查

交互设计完成之后，进行交互自查是整个游戏设计流程中非常重要的一个阶段，其可以在执行界面设计之前检查出是否有遗漏缺失的细节问题，具体可以参考App设计中的交互设计自查表。

4.视觉设计

原型图审查通过后，就可以进入视觉设计阶段，这个阶段的设计结果即产品最终呈现给用户的界面。游戏界面设计要求设计规范，图片、内容真实，如图6-5所示。

图6-5 游戏界面

5.设计跟进

设计跟进阶段需要设计人员和开发人员共同参与，主要保证设计细节的实现，如图6-6所示。

图6-6 该游戏的胜利界面加入了光束、
圆点等细节，需要设计跟进，以保证细节的实现

6.设计验证

设计验证是设计流程的最后一个阶段，是游戏优化的重要支撑。在游戏正式上线后，通过对用户的数据反馈进行记录，验证前期的设计，并继续优化，如图6-7所示。

图6-7 游戏界面优化效果

6.1.3 游戏界面设计的原则

游戏界面的设计有设计简洁、风格统一、视觉清晰、用户思维、符合习惯、操作自由六大原则。

1.设计简洁

简洁美观的游戏界面，能够令玩家使用更方便，在操作上减少失误，可以顺畅地进行游戏交互，如图6-8所示。

图6-8 简洁的游戏界面

2.风格统一

界面的风格要符合游戏的主题，并且进行统一。制作一套风格统一的游戏界面非常考验设计师的把控能力与设计技巧，因为这其中包括了对按钮、图标及色彩等各种元素的综合设计，如图6-9所示。

图6-9 该游戏是一款投篮的体育类游戏，因此游戏整体风格为运动活力型

3.视觉清晰

视觉清晰有利于游戏质量的提升，加强玩家

对游戏的认可。由于移动设备屏幕的特殊性，为了达到清晰度，需要UI设计师制作不同的界面资源，如图6-10所示。

图6-10 竞速类游戏中对于汽车的设计质量往往要求较高，因此需要UI设计师提供不同尺寸的设计资源，以保证清晰度

4.用户思维

游戏界面应该站在用户的角度进行设计，以满足大部分玩家的需要。游戏的受众不同，玩家对界面设计的要求也不同，这些设计具体应从元素造型、界面颜色、整体布局等方面体现，如图6-11所示。

图6-11 由于游戏的用户不同，益智类游戏（左）和搏击类游戏（右）的设计风格也有很大分别

5.符合习惯

游戏界面的操作一定要符合用户的认知与习惯，需要和用户的现实世界相匹配。另外用户的年龄及生活方式不同，也会导致较大的习惯差异，因此UI设计师想要设计出符合用户习惯的界

面，首先要进行目标用户的定位，如图6-12所示。

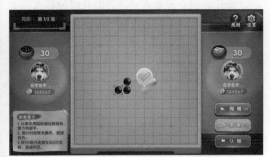

图6-12　棋牌类游戏的用户年龄普遍较大，
因此设计风格比较传统

6.操作自由

游戏的互动方式应保持高度的操作自由，其操作工具可以是鼠标、键盘，还可以是手柄、体感游戏设备，令用户充分沉浸在游戏体验中，如图6-13所示。

图6-13　通过手柄进行游戏

6.2　游戏界面设计的规范

游戏界面设计的规范可以通过设计尺寸、结构、布局、文字4个方面进行详尽的剖析。

6.2.1　游戏界面设计的尺寸

游戏界面根据设备主要有手机游戏界面、平板游戏界面、网页游戏界面及计算机游戏界面。这几种界面的设计尺寸及单位在前面都进行过详尽的剖析，因此结合项目需求，参考前面的App、网页及软件相关内容即可，如图6-14所示。

图6-14　手机游戏

6.2.2　游戏界面设计的结构

游戏界面设计的结构可以依据用户对界面注意力的不同来进行划分，通常分为主要视觉区域、次要视觉区域及弱视区域，如图6-15所示。

图6-15　游戏界面设计结构

6.2.3　游戏界面设计的布局

游戏界面的布局可以根据启动界面、主菜单界面、关卡界面、操作界面、胜利界面及商店界面6种常用界面的布局来进行阐述。

1.启动界面

启动界面是游戏给予玩家的第一印象，决定

了游戏的门面，其常用布局如图6-16所示。

图6-16 启动界面

2.主菜单界面

游戏中的主菜单界面，主要包括游戏的设置、操作的选择及相关帮助等，其常用布局如图6-17所示。

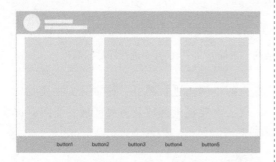

图6-17 主菜单界面

3.关卡界面

关卡界面是玩家进入游戏进行操作的界面。关卡主要是对一系列相同的元素进行有秩序的排版、布局，其常用布局如图6-18所示。

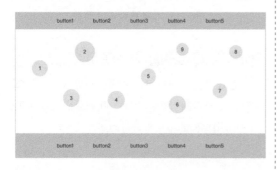

图6-18 关卡界面

4.操作界面

操作界面是玩家真正进行游戏时的界面，主要包括角色控制、时间提醒、血量提示等内容，其常用布局如图6-19所示。

图6-19 操作界面

5.胜利界面

胜利界面即游戏通关后显示的界面，其常用布局如图6-20所示。

图6-20 胜利界面

6.商店界面

商店界面是贩卖虚拟产品服务的界面，也是游戏盈利的主要来源，其常用布局如图6-21所示。

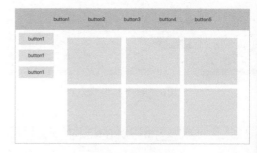

图6-21 商店界面

6.2.4 游戏界面设计的文字

游戏界面中，正文阅读类建议根据不同的平台选择对应的系统字体，标题展示类需要根据游戏的风格进行对应的设计，如图6-22所示。

字号在PC网页中要大于14px，在移动设备中要大于20px。

图6-22 经过设计的标题

6.3 游戏常用界面的类型

界面的设计是体现游戏品质、吸引玩家的关键所在。在游戏界面中，常用界面的类型为启动界面、主菜单界面、关卡界面、操作界面、胜利界面及商店界面。

1.启动界面

启动界面需要合理地设计游戏风格、游戏场景及游戏功能键等，只有设计出精美的启动界面才能够迅速吸引玩家进入游戏，如图6-23所示。

图6-23 启动界面

2.主菜单界面

主菜单界面突出了各元素间的分布关系，让游戏玩家可以更好地接收游戏的信息，无障碍地了解游戏，如图6-24所示。

图6-24 主菜单界面

3.关卡界面

关卡界面在游戏中起到了承上启下的作用，并能让玩家清楚了解到自身进行游戏的进度及程度，如图6-25所示。

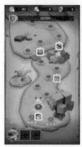

图6-25 关卡界面

4.操作界面

生动的操作界面能够符合玩家的心理预期，产生良好的沉浸式体验，如图6-26所示。

图6-26 操作界面

5.胜利界面

胜利界面对玩家起到鼓舞的作用，并伴随着奖励，令玩家产生喜悦，如图6-27所示。

图6-27 胜利界面

6.商店界面

游戏玩家可以通过购买商店的物品，提升自身在游戏中的战斗力，如图6-28所示。

图6-28 商店界面

6.4 课堂案例——制作Boom游戏界面

【案例学习目标】学会置入图片，并使用"移动工具"移动调整图片。

【案例知识要点】使用"置入嵌入对象"命令置入图片并调整大小及位置，使用"描边"命令给文字添加边框，使用"投影"图层样式给文字和图形添加投影，使用"颜色叠加"命令制作背景图，效果如图6-29所示。

【效果所在位置】Ch06\效果\制作Boom游戏界面。

图6-29

1. 制作Boom游戏商店界面

01 按Ctrl+N组合键，弹出"新建文档"对话框，将"宽度"设为750像素，"高度"设为1334像素，"分辨率"设为72像素/英寸，"背景内容"设为白色，如图6-30所示，单击"创建"按钮，完成文档的创建。

图6-30

02 选择"文件 > 置入嵌入对象"命令，弹出"置入嵌入的对象"对话框，选择学习资源中的

"Ch06 > 素材 > 制作Boom游戏界面 > 制作Boom游戏商店界面 > 01"文件，单击"置入"按钮，将图片置入图像窗口中。将其拖曳到适当的位置，按Enter键确认操作，效果如图6-31所示，在"图层"面板中生成新的图层并将其命名为"底图"。

图6-31

03 选择"文件 > 置入嵌入对象"命令，弹出"置入嵌入的对象"对话框，选择学习资源中的

"Ch06 > 素材 > 制作Boom游戏界面 > 制作Boom游戏商店界面 > 02"文件，单击"置入"按钮，将图片置入图像窗口中。将其拖曳到适当的位置，按Enter键确认操作，效果如图6-32所示，在"图层"面板中生成新的图层并将其命名为"商城面板"。

图6-32

04 选择"横排文字工具" T.，在适当的位置输入需要的文字。选择文字，选择"窗口 > 字符"命令，弹出"字符"面板，将"颜色"设为蓝色（R:42，G:169，B:242），其他选项的设置如图6-33所示。按Enter键确认操作，效果如图6-34所示，在"图层"面板中生成新的文字图层。

图6-33

图6-34

05 单击"图层"面板下方的"添加图层样式"按钮 fx.，在弹出的菜单中选择"描边"命令，弹

出"图层样式"对话框。将描边颜色设为白色，其他选项的设置如图6-35所示，单击"确定"按钮，效果如图6-36所示。

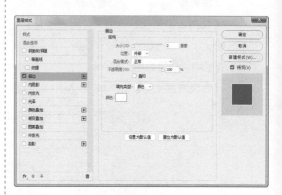

图6-35

图6-36

06 选择"文件 > 置入嵌入对象"命令，弹出"置入嵌入的对象"对话框，选择学习资源中的"Ch06 > 素材 > 制作Boom游戏界面 > 制作Boom游戏商店界面 > 11"文件，单击"置入"按钮，将图片置入图像窗口中。将其拖曳到适当的位置并调整大小，按Enter键确认操作，效果如图6-37所示，在"图层"面板中生成新的图层并将其命名为"关闭"。

图6-37

07 选择"文件 > 置入嵌入对象"命令，弹出"置入嵌入的对象"对话框，选择学习资源中的"Ch06 > 素材 > 制作Boom游戏界面 > 制作Boom游戏商店界面 > 03"文件，单击"置入"按钮，将图片置入图像窗口中。将其拖曳到适当的位置，按Enter键确认操作，效果如图6-38所示，在"图层"面板中生成新的图层并将其命名为"魔法药剂"。

图6-38

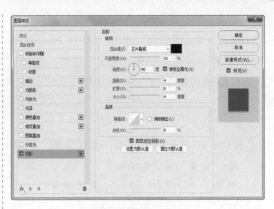

图6-41

08 使用相同的方法置入其他素材，制作出图6-39所示的效果，在"图层"面板中分别生成新的图层。按住Shift键的同时单击"魔法药剂"图层，再将需要的图层同时选中。按Ctrl+G组合键，群组图层并将其命名为"道具"，如图6-40所示。

图6-39

图6-42

图6-40

10 按住Shift键的同时单击"商城面板"图层，再将需要的图层同时选中。按Ctrl+G组合键，群组图层并将其命名为"道具商城"，如图6-43所示。

图6-43

09 单击"图层"面板下方的"添加图层样式"按钮 fx，在弹出的菜单中选择"投影"命令，弹出"图层样式"对话框，将投影颜色设为黑色，其他选项的设置如图6-41所示，单击"确定"按钮，效果如图6-42所示。

11 按Ctrl+S组合键，弹出"另存为"对话框，将其命名为"制作Boom游戏商店界面"，保存为PSD格式。单击"保存"按钮，弹出"Photoshop格式选项"对话框，单击"确定"按钮，将文件保存。Boom游戏商店界面制作完成。

2. 制作Boom游戏操作界面

01 按Ctrl+N组合键，弹出"新建文档"对话框，将"宽度"设为750像素，"高度"设为1334像素，"分辨率"设为72像素/英寸，"背景内容"设为白色，如图6-44所示，单击"创建"按钮，完成文档的创建。

图6-44

02 选择"文件 > 置入嵌入对象"命令，弹出"置入嵌入的对象"对话框，选择学习资源中的"Ch06 > 素材 > 制作Boom游戏界面 > 制作Boom游戏操作界面 > 01"文件，单击"置入"按钮，将图片置入图像窗口中。将其拖曳到适当的位置并调整大小，按Enter键确认操作，效果如图6-45所示，在"图层"面板中生成新的图层并将其命名为"背景图"。使用相同的方法置入其他素材，制作出图6-46所示的效果，在"图层"面板中分别生成新的图层。

03 按住Shift键的同时单击"背景图"图层，再将需要的图层同时选中。按Ctrl+G组合键，群组图层并将其命名为"底图"，如图6-47所示。

04 选择"文件 > 置入嵌入对象"命令，弹出"置入嵌入的对象"对话框，选择学习资源中的

"Ch06 > 素材 > 制作Boom游戏界面 > 制作Boom游戏操作界面 > 04"文件，单击"置入"按钮，将图片置入图像窗口中。将其拖曳到适当的位置，按Enter键确认操作，在"图层"面板中生成新的图层并将其命名为"导航底框"。在"图层"面板上方，将该图层的"不透明度"选项设为70%，按Enter键确认操作，效果如图6-48所示。使用相同的方法置入其他素材，制作出图6-49所示的效果，在"图层"面板中分别生成新的图层。

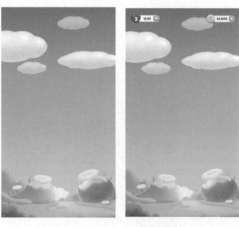

图6-45　　　　　　图6-46

图6-47　　　　　　图6-48

图6-49

05 按住Shift键的同时单击"导航底框"图层，再

将需要的图层同时选中。按Ctrl+G组合键，群组图层并将其命名为"导航栏"，如图6-50所示。

图6-50

06 选择"圆角矩形工具" ◻，在属性栏的"选择工具模式"下拉列表框中选择"形状"选项，将"填充"颜色设为黑色，"描边"颜色设为无，"半径"选项设为26像素。在适当的位置绘制圆角矩形，如图6-51所示，在"图层"面板中生成新的形状图层"圆角矩形1"。在"图层"面板上方，将该图层的"不透明度"选项设为20%，按Enter键确认操作，效果如图6-52所示。

图6-51　　　　图6-52

07 选择"文件 > 置入嵌入对象"命令，弹出"置入嵌入的对象"对话框，选择学习资源中的"Ch06 > 素材 > 制作Boom游戏界面 > 制作Boom游戏操作界面 > 09"文件，单击"置入"按钮，将图片置入图像窗口中。将其拖曳到适当的位置，按Enter键确认操作，如图6-53所示，在"图层"面板中生成新的图层并将其命名为"操作面板"。

图6-53

08 使用相同的方法置入其他素材，制作出图6-54所示的效果，在"图层"面板中生成新的图层。

图6-54

09 选择"横排文字工具" T，在适当的位置输入需要的文字。选择文字，选择"窗口 > 字符"命令，弹出"字符"面板，将"颜色"设为蓝绿色（R:23，G:175，B:200），其他选项的设置如图6-55所示。按Enter键确认操作，效果如图6-56所示，在"图层"面板中生成新的文字图层。

图6-55　　　　图6-56

211

10 按住 Shift 键的同时单击"圆角矩形 1"图层，再将需要的图层同时选中。按 Ctrl+G 组合键，群组图层并将其命名为"内容区"，如图 6-57 所示。

11 按Ctrl+S组合键，弹出"另存为"对话框，将其命名为"制作Boom游戏操作界面"，保存为PSD格式。单击"保存"按钮，弹出"Photoshop格式选项"对话框，单击"确定"按钮，将文件保存。Boom游戏操作界面制作完成。

图6-57

3. 制作Boom游戏胜利界面

01 按Ctrl+N组合键，弹出"新建文档"对话框，将"宽度"设为750像素，"高度"设为1334像素，"分辨率"设为72像素/英寸，"背景内容"设为白色，如图6-58所示，单击"创建"按钮，完成文档的创建。

图6-58

02 选择"文件 > 置入嵌入对象"命令，弹出"置入嵌入的对象"对话框，选择学习资源中的"Ch06 > 素材 > 制作Boom游戏界面 > 制作Boom游戏胜利界面 > 01"文件，单击"置入"按钮，将图片置入图像窗口中。将其拖曳到适当的位置，按Enter键确认操作，效果如图6-59所示，在"图层"面板中生成新的图层并将其命名为"底图"。

图6-59

03 单击"图层"面板下方的"添加图层样式"按钮 fx，在弹出的菜单中选择"颜色叠加"命令，弹出"图层样式"对话框，将叠加颜色设为黑色，其他选项的设置如图6-60所示，单击"确定"按钮，效果如图6-61所示。

04 选择"文件 > 置入嵌入对象"命令，弹出"置入嵌入的对象"对话框，选择学习资源中的"Ch06 > 素材 > 制作Boom游戏界面 > 制作Boom游戏胜利界面 > 02"文件，单击"置入"按钮，将图片置入图像窗口中。将图片拖曳到适当的位置，按Enter键确认操作，效果如图6-62所示，在"图层"面板中生成新的图层并将其命名为"底光"。

图6-60

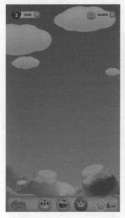 

图6-61　　　　　　图6-62

05 使用相同的方法置入其他素材，制作出图 6-63 所示的效果，在"图层"面板中分别生成新的图层。

图6-63

06 选择"圆角矩形工具" ▢，在属性栏的"选择工具模式"下拉列表框中选择"形状"选项，将"填充"颜色设为浅蓝色（R:119，G:202，B:232），"描边"颜色设为无，"半径"选项设为24像素。在适当的位置绘制圆角矩形，如图6-64所示，在"图层"面板中生成新的形状图层"圆角矩形1"。

07 选择"横排文字工具" T.，在适当的位置输入需要的文字。选择文字，选择"窗口 > 字符"命令，弹出"字符"面板，将"颜色"设为白色，其他选项的设置如图6-65所示。按Enter键确认操

作，效果如图6-66所示，在"图层"面板中生成新的文字图层。

图6-64

图6-65

图6-66

08 按住Shift键的同时单击"圆角矩形 1"图层，再将需要的图层同时选中。按Ctrl+G组合键，群组图层并将其命名为"第四关"，如图6-67所示。

09 选择"文件 > 置入嵌入对象"命令，弹出"置入嵌入的对象"对话框，选择学习资源中的"Ch06 > 素材 > 制作Boom游戏界面 > 制作Boom游戏胜利界面 > 05"文件，单击"置入"按钮，将图片置入图像窗口中。将其拖曳到适当的位

置，按Enter键确认操作，效果如图6-68所示，在"图层"面板中生成新的图层并将其命名为"飘带"。

图6-67

图6-68

10 选择"横排文字工具" T，在适当的位置输入需要的文字。选择文字，在"字符"面板中将"颜色"设为白色，其他选项的设置如图6-69所示，按Enter键确认操作，效果如图6-70所示，在"图层"面板中生成新的文字图层。

图6-69　　　　图6-70

11 单击"图层"面板下方的"添加图层样式"按钮 fx，在弹出的菜单中选择"投影"命令，弹出"图层样式"对话框。将投影颜色设为黑色，其他选项的设置如图6-71所示，单击"确定"按

钮，效果如图6-72所示。

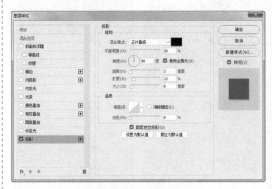

图6-71

图6-72

12 选择"横排文字工具" T，在适当的位置输入需要的文字。选择文字，在"字符"面板中将"颜色"设为深蓝色（R:6，G:96，B:132），其他选项的设置如图6-73所示，按Enter键确认操作，效果如图6-74所示。使用相同的方法输入其他文字，制作出图6-75所示的效果，在"图层"面板中分别生成新的文字图层。

图6-73

13 选择"文件 > 置入嵌入对象"命令，弹出"置入嵌入的对象"对话框，选择学习资源中的"Ch06 > 素材 > 制作Boom游戏界面 > 制作Boom

游戏胜利界面 > 06"文件,单击"置入"按钮,将图片置入图像窗口中。将其拖曳到适当的位置并调整大小,按Enter键确认操作,效果如图6-76所示,在"图层"面板中生成新的图层并将其命名为"完成"。

将图片置入图像窗口中。将其拖曳到适当的位置并调整大小,按Enter键确认操作,效果如图6-78所示,在"图层"面板中生成新的图层并将其命名为"设置"。使用相同的方法置入其他素材,制作出图6-79所示的效果,在"图层"面板中分别生成新的图层。

图6-74　　　　　　图6-75

图6-78　　　　　　图6-79

14 按住Shift键的同时单击"目标:"图层,再将需要的图层同时选中。按Ctrl+G组合键,群组图层并将其命名为"分数",如图6-77所示。

16 按住Shift键的同时单击"底光"图层,再将需要的图层同时选中。按Ctrl+G组合键,群组图层并将其命名为"胜利面板",如图6-80所示。

图6-80

图6-76　　　　　　图6-77

15 选择"文件 > 置入嵌入对象"命令,弹出"置入嵌入的对象"对话框,选择学习资源中的"Ch06 > 素材 > 制作Boom游戏界面 > 制作Boom游戏胜利界面 > 07"文件,单击"置入"按钮,

17 按Ctrl+S组合键,弹出"另存为"对话框,将其命名为"制作Boom游戏胜利界面",保存为PSD格式。单击"保存"按钮,弹出"Photoshop格式选项"对话框,单击"确定"按钮,将文件保存。Boom游戏胜利界面制作完成。

【练习学习目标】学会置入图片，并使用"移动工具"移动调整图片。

【练习知识要点】使用"置入嵌入对象"命令置入图片并调整大小及位置，使用"描边"命令给素材或文字添加边框，使用"内阴影"图层样式给图形添加阴影，效果如图6-81所示。

【效果所在位置】Ch06\效果\制作水果消消消游戏界面。

图6-81

6.6 课后习题——制作Pet Fun游戏界面

【习题学习目标】学会置入图片，并使用"移动工具"移动调整图片。

【习题知识要点】使用"置入嵌入对象"命令置入图片并调整大小及位置，使用"描边"命令给文字添加边框，使用"斜面和浮雕""投影"图层样式给文字和图形添加特殊效果，使用"渐变叠加"命令制作背景图，效果如图6-82所示。

【效果所在位置】Ch06\效果\制作Pet Fun游戏界面。

图6-82